科学で読み解く クラシック音楽入門

YOKOYAMA Masao
横山真男
著

技術評論社

はじめに

　本書は、クラシック音楽の理論や作曲について知識を深めるための入門書です。筆者は大学で理系の学生と共に音楽と楽器について研究をしていますが、音楽を専門としない学生にとって楽典や音楽史を学ぶのはなかなかハードルが高いのを痛感しています。音楽と科学は古代から密接な関係がありますが、理工学の技術や知識だけでなくクラシック音楽の歴史や楽典といった理論の理解もないと、より高度な新しい時代に向けた音楽研究や楽曲制作の質の向上は望めません。そこで、音楽を専門にしていなくても演奏や楽器が好きな方々が音楽理論や音楽史を学ぶための入門書があったらよいかと思い、本書の執筆にいたりました。また、「科学で読み解く」とタイトルにありますが、文系の人にも楽しんで読んでいただけるように、音楽の科学的側面の物理学や数学について、なるべく数式を使わない形で解説しています。また、最近の科学的研究の動向など気になる話題も随所に盛り込みました。音楽の理論的な学習だけでなく楽器の演奏やスコアリーディング、音楽鑑賞などでも本書で解説する知識は役に立つと思います。

　理系の学生諸君にとっては、音楽の研究を始めるにあたり知っておくとよい音楽理論を、なるべく実際の譜例を示しながらイメージしやすいように解説しましたので、工学的な立場からの音楽研究の入門書として活用できると思います。なお、筆者の前著（『やさしい音と音楽のプログラミング』森北出版）では、音と音楽に関するプログラミングの手法やソースコードを載せています。本書を読んでプログラミングしてみたくなったときには、そちらも参照してください。

　第1章では、音楽の話の前に音という物理現象について概観します。音楽を科学的に理解するには音楽の素材である音とは何か、物理、聴覚、認知といった複数の分野の幅広い知識が必要です。第2章から第4章は、音楽の3要素であるハーモニー、リズム、メロディを切り口として、科学の視点から見た音楽理論についての話をします。また、西洋音楽の理論の一つである楽典と和声についても解説します。そして、最後の第5章では、クラシック音楽と作曲の歴史、そして現代における楽曲制

作に触れます。中世の教会音楽に始まり、十二音技法や不確定性などの現代音楽の理論、音楽情報処理やアルゴリズム作曲などについて解説します。私たちを取り巻く生活や環境はコンピュータの発達により大変便利になりました。と同時に音楽研究や楽曲制作においてもコンピュータは重要な存在になりました。近年、コンピュータを使って楽曲の科学的分析をしたり、人工知能（AI）で自動作曲をしたりする研究が盛んに行われています。

　なお本書では、理解を深めるために皆さんが体験できる実験のアイデアや音源、コンピュータ・プログラムをいくつか用意しましたので、ぜひお試しください。また、より詳細な学習のために参考文献を巻末にまとめています。文献についてはなるべく、比較的手に入れやすい・入門として読みやすいと思われる書籍や学会誌より選びました。自由研究や卒業論文のテーマのきっかけになればと思います。

2021年4月　横山真男

目 次

第3章　リズム

第4章 〉 メロディ

第5章　作曲

音と音楽を科学する

本書は、理系的な視点からクラシック音楽を見てみようといった趣旨の本ですが、理論や歴史などの本題に入る前に、音楽とは何か、さらには音楽の元となる音とは何か、といった根本的なことについて整理と考察をしてみましょう。

1.1 音楽ってなに？
～生きるための音楽、芸術としての音楽、娯楽としての音楽

　音楽とはいったい何なのでしょうか。また、いつ頃、どのようにして始まり、何を目的としたものなのでしょうか。そのような「音楽のそもそも話」から始めたいと思います。

1.1.1　音楽の起源

　音楽の起源についてはいくつかの説があります。『社会契約論』のフランスの思想家ジャン＝ジャック・ルソー（1712-1778）は、音楽は話し言葉から生まれたとしています。また、『種の起源』で知られるイギリスの自然科学者のチャールズ・ダーウィン（1809-1882）は、鳥が異性を誘うために鳴くのと同様に音楽は種の保存の一手段であるとした性衝動説を提唱しています。ドイツの経済学者カール・ビュッヒャー（1847-1930）は、人間の共同生活と労働の統率のために音楽やリズムが発生したとしました。これらの説からすると、生きるための音楽というと少々大げさかもしれませんが、太古から人類が集団生活の中で行動したり帰属意識を維持したりする中で、コミュニケーションの手段として発生したと考えられます。

　では、考古学の観点から音楽の起源を見てみましょう。世界最古の楽器として、約4万年前に作られたシロエリハゲワシの翼の骨とマンモスの牙でできたフルートがドイツ南部（Geißenklösterle、ガイセンクレステーレ）の洞窟で見つかっています[1]。また、フランス南西部のレ・トロワ＝フレール洞窟に描かれた壁画には、楽弓を持ったシャーマンらしき絵が見つかっています。これらの発見によると、旧石器時代には宗教的な儀式の中で音楽的な行為がすでになされていたといえます。

　そして、紀元前の古代ギリシャ時代になると、紀元前700年以前のホメーロスの時代には吟遊詩人によりオデュッセイア（Odysseia）といった英雄伝が歌われたという記録が残っていて、また、紀元前500年頃にはピタゴラスが今日のドレミである12音からなる音階を発見しました。この頃にはキタラ（kithara）やリラ（lyra）といった竪琴のような弦楽器が祭典で用いられるようになり、宗教的な儀式において音楽は欠かせないものとなっていました[2]。

　これらの諸説によると、音楽は宗教的な儀式や祭典における意識高揚や集団における帰属意識やコミュニケーションの手段として生まれ、発達したのだと考えられます。

1.1.2　音楽の地域性と役割

　音楽は人類の歴史の過程で地域ごとに発達し、その結果、様々な様式が生まれました。同じアジアでも、私たちの住む日本とお隣りの韓国や中国では、伝統的な音楽の中に違いを感じることができます。もちろん似ているところもありますが、やはりどことなく違いますね。また、ヨーロッパにおけるクラシック音楽においても、チェコやルーマニアの音楽はウィーンの音楽とは少し異なります。地域ごとに分化した言語の違いと同様に、音楽も多様化しています。

　このような音楽の違いは、民族間の美意識や嗜好の違いでもあり、また、他の集団と区別するための一種のアイデンティティでもあります。

　音楽の特徴や美意識の地域差に関しては、ルソーは著書『言語起源論』の中で、「西洋音楽のハーモニーの美しさは西洋地域の習慣であり、その美を理解するには長い訓練が必要であり、よってその訓練を受けてない耳にはまったく美しくは聞こえず雑音にしか聞こえない」、と論じています。つまり、音楽に求める美的感覚は国や地域によって違い、それゆえに作られる音楽も変わってくるということを意味しています。

　他の集団と自分たちを識別するアイデンティティ確立のための音楽の役割については、身近な例としてスポーツ観戦の応援を思い浮かべていただければ分かりやすいかと思います。校歌や応援歌を歌い、ワールドカップともなれば国歌をみんなで歌いますね。大合唱により自分たちのチームの選手の士気を後押しすると共に仲間との一体感が得られます。

　音楽にはコミュニケーションの媒体としての役割があると書きましたが、しかし、世界にはこの役割が当てはまらない音楽もあるようです。アジア諸国の一部では、伝える相手がない、すなわち他人とのコミュニケーションとは関係なく自分のために音楽を歌う民族がいることが分かっています[3]。スリランカのヴェッダ族のうち森林で生活する人々は、集団として音楽を共有することをせず、個々で勝手に歌い踊るのだそうです。つまり、自分の歌と自分の踊りを持ち、個人のアイデンティティとして音楽があるようです。私たちの文化ではごく普通の行為である合唱という

ものはなく、彼らには共通な歌を持つ習慣はありません。人々が集まっても各自で好き勝手に歌い踊り、そして各自が疲れ果てれば音楽はそれでおしまい、という文化なのだそうです。こういった「個のための音楽」の文化は他にもあり、インド洋のアンダマン諸島、ニュージーランドのマオリ族、オーストラリアのアボリジニなど、南アジア・オセアニアに分布しています。

そして、日本の音楽文化も西洋のとは異なりますね。後ほどまた詳しく示しますが韻律やリズムが大きく異なることが挙げられます。また、西洋の合唱曲のようにソプラノやテノールといったようにパートが分かれてハーモニーで歌う概念がもともとありません。分かりやすい例として、お経（声明）や雅楽といった伝統芸能や、子供の頃に歌った民謡や童謡を思い浮かべてみてください。

お寺のお坊さんが読むお経のピッチは西洋音楽のドレミの音階に当てはまらず、4分の4拍子といったような決まった拍を持ちません。また、何人ものお坊さんが読経するときは、先に発声したお坊さんのピッチに他のお坊さんや参列者も合わせるといった読み方をします。教会で歌われる讃美歌のようにハーモニーでお経を歌うことは普通はありませんね！

次に、民謡や童謡、校歌ですが、これらはみんなで同じ旋律を歌いますね。入学式や卒業式、あるいは運動会などで、先生が「校歌斉唱！」と号令をかけていなかったでしょうか。この**斉唱**とは1つの旋律を全員で歌う様式を指します。確かに、小さい子からお年寄りまでみんなに幅広く歌い親しまれやすいように、との意図から1つの旋律をみんなで歌うという理由もあろうかと思いますが、本来、私たち日本の音楽文化においては旋律が上と下の声部に分かれる曲は少ないといえます。

なお、西洋の教会音楽もかつて中世のグレゴリオ聖歌の頃は斉唱という形式でした。しかし、日本と違うところは、やがて時代と共にハーモニーが使われるようになり多声による音楽（ポリフォニー）へと発展していったことです（第5章で詳しく説明します）。

1.1.3 西洋音楽が世界の音楽を制した?!

今や世界のどこでも西洋音楽があふれ、何でも五線譜で楽譜が書かれるようにな

りました。雅楽でさえ五線譜で出版されています。とはいえ、日本古来の音程や、独特な間やゆらぎを表現することは西洋の五線譜の記譜法にはありません。よって、日本の伝統的音楽やその要素を用いた音楽を五線譜で書き記す場合、西洋音楽の音符では表せない音楽を記譜するために特殊な記号を使ったり説明書きを加えたりする必要があります。このような記譜上の工夫の必要があるとはいえ、五線譜に書くことで全世界の音楽家たちがその音楽を理解できるので、まさに五線譜は世界的な音楽のコミュニケーションツールであるといえます。そして、西洋音楽が世界的に広まったのも、この五線譜という記譜システムにより音楽の記録と伝搬、再現が容易になったことが一因と考えられます。

　先ほど少し触れた童謡や唱歌ですが、実はこれらは、西洋音楽であって日本古来の音楽ではありません。声明や雅楽のような伝統芸能とは異なり西洋音楽の様式で書かれています。昔からある音楽のように思えるかもしれませんが、実は伴奏には和音が使われ、4/4拍子といった拍子があり西洋音楽のスタイルなのです。

　明治時代になって西洋文化が流れ込み、明治5年に最初の近代的教育制度である学制が始まります。以降、急速に西洋音楽化が進み、日本における西洋音楽による教育文化発展の黎明期を支えた滝廉太郎（1879-1903）や山田耕筰（1886-1965）から、昭和初期の橋本國彦（1904-1949）など多数の作曲家がヨーロッパに渡り西洋音楽を学びます。国内の音楽教育の画一化も進み、明治23年の教育勅語を経て教科書の国定化、明治44年に最初の音楽教科書である尋常小学唱歌が発行されました。このようにして日本全国統一的に音楽教育の高度化とその教育システムの確立が図られました。しかし、一方で皮肉にもこの音楽教育システムは太平洋戦争中には軍歌の布武という形で軍国主義的思想の浸透にもつながってしまいました。

1.1.4　日本固有の音楽表現

　さて、日本の文化においては、「阿吽の呼吸」という言葉に表せるように、独特で絶妙な間というものがありますね。例えば、大相撲や火の用心で叩かれる「カン、カン」という拍子木の音の間などは、4分休符でも2分休符でもない人間の生理的な自然な間です。また、「火のよーじん！」というときの抑揚もドレミでは書けない音程で唱えられます。

　西洋における音楽は数学的といえます。その一方、日本の音楽やアジアの民族音楽にも規則的なリズムやピッチのルールがありますが、西洋音楽のように数学が基礎となった音楽理論とはいえません。

　ここで、手拍子をだんだん速く叩き、細かくなったところで叩くのを止め、最後にパン！と1つ叩く動作を思い起こしてください。「パン、パン、…（だんだん速く叩く…音が消えて、呼吸を合わせて）、パン！」です。この叩く間隔をだんだん短くしていくのも、最後の締めの音の前にある間も、日本人なら一度はどこかで聞いていて自然に身についているかと思います。

　このだんだん速くなるリズムは**加速度的リズム**と呼ばれています[4]。身近な物理現象に見ることができて、例えばスーパーボールやピンポン玉を床に落としたとき、ボールが床とぶつかる時間の間隔がだんだん短くなりますね。この「ポン、ポンポン、ポポポ…」という音の間隔をイメージしていただければよいかと思いますが、これは重力とボールの弾性係数から決まるリズムです。

　この加速度的リズムを五線譜に書くと図1-1のようになります。

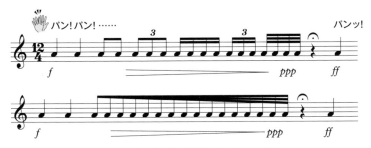

図1-1　だんだん速くなる手拍子（加速度的リズム）を楽譜に表す

　図1-1の上は3連符（1拍に3つの音を入れる）を使ってだんだん叩く音を速くすることを表現したものです。ただ、こう書くと西洋人の演奏家はきっちり8分音符と3連8分音符を2対3の速さで叩き分けようとします。より日本的な「だんだん速くする」を演奏してもらおうとすると、図1-1の下の方は現代音楽で使われる書き方ですが（見慣れない方には衝撃的?!）、このようなグラデーションを持たせた記譜をするとようやく加速度的リズムの感じを分かってもらえます。

　それでも、最後の音（パンッ！）の前に書かれた休符の間を五線譜で表現するのは難しく、とりあえずフェルマータ記号（長く伸ばす）を休符に書いたとします。

楽典上、フェルマータ記号は音符の時間が2倍に伸びることを意味します。でも、私たち日本人にはこの加速度的リズムから感じられる最後のパン！のタイミングはたいてい分かります。おそらく育ってきた環境の中でこの手拍子をどこかで聞いているでしょうから、自然とこの間の長さをお互いに共有できていて、まさに阿吽の呼吸でいいタイミングでそろえることができます。

　もう一つ、西洋のクラシック音楽と日本古来の音楽の考え方の違いを紹介します。クラシック音楽は、対位法やソナタ形式に代表されるように均整の取れた形式で作られることを良しとします。また、音律やリズムにおいても理論的に完全であることを良しとして、古代ギリシャから中世を経て長い年月をかけて体系化されてきました。そして、演奏についても音程が正確でテンポやリズムが整然として、そして何よりもノイズが入らない、つまり音色が澄んでいて純なものであることを良しとしています。クラシック音楽のコンサートでは静かに聞いていなければいけませんよね。これは静かにしていないと聞こえない繊細な音があることもそうですが、クラシック音楽が教会と宮廷で演奏されるセレモニーのための音楽として培われてきたことも考えられます。

　一方、日本の音楽は、このように数学や理論的に均整が取れていることや音程が正しい、雑音がないといった西洋音楽のあり方とは、いわば逆の美的感覚を持っています。尺八や三味線を思い浮かべてください。「一音成仏」という言葉がありますが、ヒュッと吹く息のかすれた音が尺八の持ち味です。三味線のベンベンという「さわり」

（尺八奏者 黒田鈴尊氏）

と呼ばれるノイズ音がなければ三味線を聞いている気がしません。

　また、水琴窟という瓶の中に落ちる水滴の音や、カッコーン！という鹿威しを聞いて自然の音と風情を楽しむ文化も日本ならではです。そういったノイズや自然の音が日本古来の音楽らしさの重要な要素の一つになっています。また、詩吟や追分節のように音の伸ばしやこぶしの付け方、前述の休符の間合いなども奏者のその時の気分次第で、どこにも数学的なところはありません。このように西洋音楽と日本古来の音楽ではまったく逆の発想が随所に見られることが分かります。

1.1.5 クラシック音楽とは何を指すのか

音楽のジャンルには、ポップス、ジャズ、ロック、テクノ…などなどのくくりがありますが、クラシック音楽（classical music）というジャンルはどういう音楽なのでしょうか（ちなみに英語ではclassic musicとはいいません）。

クラシック音楽のclassicalを日本語に訳すと「古典的」となります。また、クラシック音楽の中で「古典」というと、慣習的にハイドンやモーツァルトが活躍した1700年代後半から、1800年初期のベートーヴェンまでのいわゆる**ウィーン古典派**を指します。ウィーン古典派以前のヴィヴァルディやバッハは**バロック音楽**といわれ、一方、ウィーン古典派以降は**ロマン派**といわれます。歌曲『魔王』で有名なシューベルト、バレエ音楽『白鳥の湖』のチャイコフスキーや、楽劇の作曲家であるワーグナー、長大な交響曲を書いたマーラーなど19世紀から20世紀前半にかけて活躍した作曲家がいます。特に、ベートーヴェンはウィーン古典派とロマン派をつなぐ位置にいる重要な作曲家です。

おそらく一般的には、バロック期からウィーン古典派やロマン派のこれらの作品が、多くの人のイメージするクラシック音楽でしょう。しかし、ロマン派以降の第二次世界大戦の戦前戦後あたりの近代の作品もクラシック音楽と呼ばれ、さらに今生きている作曲家の作品は**現代音楽**（contemporary music、コンテンポラリ・ミュージック）と呼ばれ、これもクラシック音楽の一時代としてジャンル分けされます。よって、クラシック音楽は、総じて西洋音楽のスタイルによる芸術音楽を指すといえます。

また、クラシック音楽に対してポピュラー音楽という呼ばれ方があります。ポピュラー（popular）とは「有名」という訳もありますが、ここでは「大衆」という訳が当てはまります。なお、最近はポピュラー・クラシックといった言葉もあり、これは聞きやすく気軽に楽しめるといった意味合いで用いられます。

ここで、ついでといってはなんですが、音楽のジャンル分けについて話を広げてみましょう。今や音楽のジャンルの数は数百あるといわれています。ポップスやジャズといった新しい音楽はたくさんのカテゴリーに細分化されます。一声にジャズといってもいろいろなスタイルがあるわけで、1900年代初頭に始まったニューオーリンズ・ジャズに、ビバップ、モダン…などなどジャズの好きな人にとってはそれぞれに違いと特徴が分かるそうです。クラシック音楽にしても、17世紀のバッハと20世紀のドビュッシーではまったく音楽が異なります。このように、1つの

> ### コラム 音楽ジャンルの研究はムズかしい
>
> 　少し研究におけるよもやま話になりますが、この音楽ジャンルの持つ多様さやあいまいさは音楽分析の研究において実にやっかい物なのです。ジャンルを扱う工学的研究には、コンピュータによる楽曲のジャンル自動推定や自動楽曲推薦、各ジャンルの特徴分析や印象評価、などの研究があります。かなり大雑把な例ですが、あるジャンル（ジャズとしましょう）の特徴や印象を分析する実験としてアンケートを行ったとします。アンケートに答えてもらう被験者に「ジャズの印象を言葉で表してください」と質問したとすると、たぶん、楽しいとかノリがよいとか落ち着くとか、そういった楽曲の持つ雰囲気が返ってくるでしょう。ところが、この回答は被験者が聞いたことのあるジャズの曲次第で、その曲調によりジャズというジャンルの印象評価が変わってしまいます。たとえそれらの曲が代表的で有名な曲であったとしても、アップテンポで明るい曲を聞いたのか、静かなスローな曲を聞いたのかで、回答は変わってしまいます。
>
> 　この例のように、音楽の分類（カテゴライズ）とその特徴や評価に関する研究は難しく、サンプルとなる曲の数や選択を十分に検討する必要があります（研究室の学生によくいう注意なのです！）。明るい曲なのか暗い曲なのか以外にも、テンポ、リズム、楽器編成などなど、音楽にはいろんな特徴となる要素があるので実験の目的にあっているかをよくよく吟味しなければいけません。安易に考えてサンプルの曲の選択が悪かったり曲数が少ないと実験結果に悪影響が出たり、正しい結果が得られなかったりという事態に陥ったりします。また、その逆もいえて音楽の多様性ゆえに多くのサンプルを集めると特徴が発散してしまい収束しないこともあります。調べたい実験の目的に合わせて曲の選択が妥当であるか十分に検討しないといけない、ということをここに付記しておきます。

ジャンルの中にも時代や地域の違いにより様々に分化したサブ・ジャンルがあります。

1.1.6　つまるところ音楽とは〜音楽の3要素について

　ところで、音楽は人類にとって必要でしょうか。

　世間に物議をかもした認知科学者スティーブン・ピンカーの「音楽は聴覚のチーズケーキである」という言葉を聞いたことがあるでしょうか。

　この表現は、音楽のみならず芸術を軽視する言い回しであり、さらに麻薬にまで

例えた、ということで大論争を巻き起こしました。確かに、ピンカーのいうように美味しいチーズケーキがあるとうれしいですが、食べなくても人は生きていけます。しかし、人類の進化の過程に音楽は不要であったというのであれば、音楽が存在しなくても人間は今日のような豊かな社会生活を営める生物となれたのか、という議論になります。ただ、素人ながらにも普通に考えると、音楽があるからこそ豊かな人間社会があり、そのような芸術的創作活動が人間の頭脳をより高度にしたのでは？と想像に難くないと思います（以上、賛否の議論の詳細はフィリップ・ボールの著書[5]によくまとまっています）。

とはいえ、フィリップ・ボールも指摘しているように、この議論は科学的に証明不能であるといえます。なぜなら、人類300万年の進化の過程を再現して立証するには、音楽を聞いて進化した人間と聞かないで進化した人間の遺伝子を同じく300万年かけて調べる実験をするのに等しいからです（だからといって、この議論が無意味だといっているわけではありません）。

さて、最初の話題である「音楽とは何か」について、そろそろまとめましょう。一般的に音楽を構成する要素は、**ハーモニー**、**リズム**、**メロディ**の3つとされています。これらの3つの要素からなる音の集合が音楽であるとされています。しかし、必ずしも3つすべてがそろわなくてもよいです。

同じ音でも、音楽が生活音や騒音と違うのは、音楽にはピッチ差（音程）や音の重なり（和音）、音のタイミングに何らかの規則性があること、などが挙げられます。

この音楽の3要素について少し理系的な表現に置き換えると、ハーモニーは音楽における垂直方向の要素で、リズムは水平方向の要素、そしてメロディは両方の要素からなる、ということができます。この垂直と水平の指す意味については、図1-2の楽譜で説明しましょう。

図1-2は、あの大ブレイクした、音大を舞台にした漫画・ドラマのテーマとして使われた、ベートーヴェンの交響曲第7番 第1楽章の一部です。縦方向は上に行くほど音が高くなる、すなわちピッチの上昇を表しますから、ハーモニーは縦方向（ピッチ方向）における音の重なりと表現できます。一方、リズムは楽譜上の左から右へ横方向に、すなわち時間方向における音の並びということができます。そして、メロディはその縦のピッチ方向と横の時間方向の2次元空間上をさまよう流れのようなもの、ととらえられます。つまり、音楽はピッチと時間の両軸による2次元空間上における音による点や線の集合であり、それらがあるルールによって配置され

ている様子となります。

　その音の配置のルールの一つがクラシック音楽の**楽典**や**和声**と呼ばれるものです。つまり、音の高さや長さ、さらに和音などの音楽の理論をまとめたもので、作曲や演奏をするための規範でありガイドラインです。ただし、あくまでも楽典はクラシック音楽における一つのルールですので、他の音楽のジャンルはこの掟に従っているとは限りません。先ほども日本古来の音楽の特徴や現代音楽にも触れましたが、この楽典に当てはまらない音楽はいろいろあります。

図1-2　音楽をハーモニー（ピッチ・周波数方向、縦方向）とリズム（時間方向、横方向）、そして2次元上を流れるメロディととらえる（ベートーヴェン：交響曲第7番 第1楽章より）

1.2 音ってなに？

　ここで、さらに考察を深堀りしてみましょう。音楽の素材である音って、そもそも何でしょうか？　後に説明する音楽の理解にもつながりますので、ここで簡単に物理や数学の側面から音について基本的なことをおさらいしておきましょう。

※　理系的な話題が出てきますが、なるべく分かりやすいように図と例えを中心にして説明を試みています。でも、数学は難しくてちょっと…という方は、読み飛ばし・読み流ししてもOKです！

1.2.1　音は空気の圧力振動

　音が発生する源（物体や場所）を**音源**といいます。音源が音を発するメカニズムは、

　　①物体が振動することで直接周りの空気をゆらす場合
　　②空気の流れの中に周期的な渦の列ができる場合

に分けられます。どちらも周期的な圧力変動が空気中に発生し、それが空気を伝わって耳の中の鼓膜をゆらすことで、人は音として感知します。

　①のケースは木琴や鉄琴のように板を叩いたときです。これはイメージしやすいと思います。

　一方、②のケースですが、物体に空気の流れが、ある速度以上でぶつかると、物体の後ろ側に渦が生じます。渦ができるとそこは圧力が低い場所になります。そして、この渦が周期的に発生し列となると（カルマン渦列という、図1-3）、圧力の周期的変動となってそれが耳に音となって聞こえるわけです。②の例としては、棒を素早く振り

図1-3　カルマン渦列。流れに置かれた円柱の後ろに渦列ができ圧力の周期変動により音が鳴る

回したときにヒュッと音がしますね。これが渦列による音源の例です。

　このような渦列による発音原理としてフルートやリコーダー、パイプオルガンの**エッジトーン**があります。息を吹きかけるとリード（歌口）で渦列が発生し圧力振動が生じます。さらにフィードバックによる共鳴で、ピーッと鳴ります。さらに円筒の管で起きる共鳴により倍音が生じ複合音として様々な音色になります。**倍音**とは、ある周波数の2倍、3倍…といった整数倍の周波数のピッチのことです。なお、トランペットなどの金管楽器は、唇で作られた振動（buzz、バズ）が管内を通ると開口端（朝顔）で音が反射して返ってきます。この反射と繰り返し唇から出る音が共鳴されることで音が鳴ります。

　また、擦弦楽器であるヴァイオリンは、弓で擦られて振動する弦が駒・魂柱を介して表裏の板を共振させることで大きな音がホールに鳴り響くようになります。弦が直接鳴っているわけではありません。逆にいうと、共鳴するボディーがなく弦の振動だけでは音は小さく、かすかな音しか聞こえません。例えば、これは皆さんも経験したことがあるかもしれませんが、輪ゴムを引っ張ってはじいても小さいビヨンビヨンという小さな音しか出ません。しかし、箱に輪ゴムを巻き付けて、さらに駒代わりに鉛筆を輪ゴムの下に挟んではじくと、箱が共鳴体となり音が大きくなりますね。子供の頃、ギターみたいにはじいて遊んだことがある方もいるかもしれません。

これらのように共鳴現象をうまく利用することが楽器にとっては重要で、楽器本体は何らかの方法で発生した周期振動を共鳴させ大きく音を増幅させる役割を持っています。

1.2.2　音の3要素

音の要素は、**音量**（ボリューム）、**音高**（ピッチ）、**音色**です。これらを**音の3要素**といいます。そして、音が鳴っている長さを加えた4つが音楽における基本的な物理的要素です。

音（音波）を理解するために、まず単純な**正弦波**（サイン波）で仕組みを見てみましょう。私たちの聞いている音波は正弦波による合成と分解で表現や分析ができます。正弦波とは図1-4の上にあるような波形です。ただし、実際の音波は空気の粗密が変化する圧力振動ですので、図の上側のような横波ではなく、図の下側の縦波（粗密波）です。一般的には波形をイメージしやすくするために図の上側のように横波で表します。

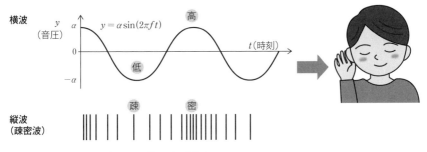

図1-4　音波を正弦波（サイン波）で視覚化する

ここで、正弦波を式で書くと次のようになります。

$$y = \alpha\sin(2\pi f t)$$

括弧の中の時刻 t が増加すると（図1-4で左から右に進むと）、sin で示される三角関数の値 y は周期的にアップダウンを繰り返します。

なぜ、音波を表現するのに三角関数を使うかということですが、一つは先ほどの音源の説明①のように、弾性体が振動するときの運動は単振動と呼ばれ、その理論解は三角関数で表されるからです。**弾性体**とは、力を加えると元に戻ろうとする力が作用する物体です。**単振動**はバネにつけた錘を思い浮かべると分かりやすいと思

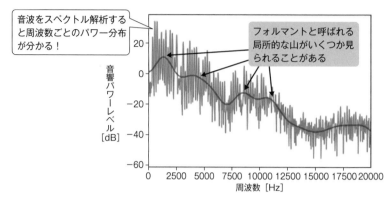

図1-5 ヴァイオリンの演奏音のパワースペクトルとフォルマント（出典：横山，Spectrum and envelope, Open String E, A.Stradivari 1698, 2019)

います。またもう一つ、フランスの数学者ジョゼフ・フーリエ（1768-1830）のフーリエ級数展開という理論により、楽器音のような周期的な複合音であれば、音波は三角関数の合成により記述できるということが分かっているからです。よって、一見ギザギザでよく分からない音波も、**フーリエ変換**という計算処理を施すと周波数と振幅の異なる複数の正弦波に分解できます。この分解による音波の解析を**スペクトル解析**といいます（図1-5）。

もう少しだけ式の説明をしますと、上式のαは正弦波の最大値・最小値を決める振幅で、音の大きさに相当します。αが大きいと正弦波の振幅が大きく圧力の変動が大きいことを意味します。圧力の変動が大きければ音量も大きく感じます。次に、fは1秒間に波が振動する回数（Hz、ヘルツ）、すなわち周波数でピッチを表します。周波数が高いと空気の圧力変動の回数が多く、高い音になります。そして、πは円周率ですね。$2\pi＝360$度は、波形のアップダウンがちょうど1周する間隔です。

まとめると、この式の意味するところは、周波数f、振幅αで周期的な音波の振動を示しています。ある一つの周波数の正弦波で表せる音を**純音**といいます。一方、いくつかの正弦波で合成された音は**複合音**といいます。一般的に音声や**楽音**（楽器の音、歌声など音楽的な音）は複合音です。

1.2.3 音色を説明するのは難しい

音の要素の3つ目である音色は少々やっかいです。音量（α）やピッチ（f）のように定量的な物理量ではないからです。音色の表現に関しては、感覚的な言葉で表

されることが多く、例えば「豊かなサウンド」とか「柔らかい歌声」といったように、私たちは音色を何らかの言葉を使って表現します。この音色を表現する言葉はいくつかの分類方法があり、その一例として「金属因子」「迫力因子」「美的因子」といった分類がされています[6]。

音色の分析をするときには音波のスペクトル解析がよく用いられます（詳細は2.3節を参照）。複合音である楽器や音声などをスペクトル解析すると、パワースペクトルというグラフが得られ、どのような周波数の正弦波で組成されているか観察することができます。特に楽音では倍音成分が特徴的に見られます（図1-5）。

そして、音色の違いはこのパワースペクトルで観察される周波数成分の組成の違いに関連しているとされ、いくつかの指標となる**音響特徴量**が提案されています[7]。例えば、音色の明るさや硬さについてはスペクトル重心という特徴が使われることがあります。音色の鋭さやキンキンした感じは高周波成分の多いパワースペクトルになるといわれ、シャープネスという特徴量が用いられます。

また、ケプストラム法などによりパワースペクトルの概形である包絡線を計算すると、いくつかの**フォルマント周波数**と呼ばれる局所的なピークが観測されます。このフォルマント周波数は、音声言語処理の研究分野で昔から研究されてきた音響特徴量の一つで、声の通り道である喉や口、鼻腔など声道の共鳴とフィルタの特性を表します。つまり、音源である声帯が振動すると「ビー」というブザーのような音が出るのですが、これが声道を通ることでフィルタリングと共鳴が起こり「あー」という音声になるわけです。このフォルマント周波数の分布は母音の「あいうえお」の音声認識に利用されます。

近年は、このフォルマント周波数を声以外の楽器の音色の解析に適用した研究例がいくつかあります。ただ、楽器の場合は声道ではなく楽器本体の共鳴特性、すなわちパワースペクトルの分布の特徴として考えることができます。筆者の研究でも、このパワースペクトルの包絡線とフォルマント周波数をヴァイオリンの音色の違いの解析に応用した研究を行っています[8]。

ただ、先ほどの「柔らかい」「豊かな」のように様々な表現語に対応する音響特徴量の分析についてはまだ十分とはいえません。音波から得られる音響情報と私たちが感覚的に使う言語情報の関連を調べる研究にはまだまだ課題があります。

1.3 音楽と科学

西洋音楽におけるドレミの音階は、はるか2500年も前の古代ギリシャ時代に作られました。その後も西洋音楽は科学との密接な関係において発展してきました。

1.3.1 ピタゴラスが発明したドレミの音階

私たちがごく当たり前に使っているドレミの音階ですが、誰がどうやって決めたのでしょうか。ドレミの音階は2500年も前にピタゴラスが発明したといわれています。古代中国、周の時代に発明された竹管の分割による三分損益法も原理は同じです。

ピタゴラスは、基準となる音とその3倍音が心地よく調和することに気づきました。このピタゴラスの見つけた3倍音を**完全5度**といいます（正しくは2で割った1.5倍）。そして、この計算を次々と繰り返してピッチを算出することで12種類のピッチが作れることを発見しました。つまり、ド（261.6Hz）を基準にすると、周波数を1.5倍すると完全5度上のソ（392.4Hz）が得られます。同様にしてソに対して1.5倍となる音はレになります。この完全5度を順に計算する手順を12回繰り返すと、ド→ソ→レ→ラ…→ラ#（シ♭）→ファ→シ#（ド）と、12の音階の要素が得られます（**五度圏**、図1-6）。最後のシ#はスタートしたドの**オクターブ**（octave）上のドに近いピッチになります。オクターブとは、周波数の比が2倍となる2音のピッチの関係のことです。元となる音がド＝261.6Hzであれば、1オクターブ高いドは523.2Hz、そして2オクターブ高いドは1046.4Hzと、倍々で増加していきます。

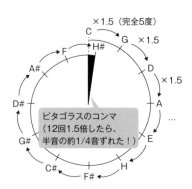

図1-6　五度圏とピタゴラスのコンマ。1.5倍ずつ（完全5度）ピッチを上げて12個の音を作ったが、12回目のH#は元のCの2倍の音にはならなかった

ところが、ピタゴラスの方法だと完全五度の算出を12回行った結果のシ#のピッチは、スタートしたドのぴったり2倍のピッチにはなってくれません。半音の約1/4も高くなってしまいます（530.4Hz、表1-1）。この誤差は**ピタゴラスのコンマ**といわれ、以降、調律の問題として長きに渡って論争が続きます（この調律の論争についてはすでに多くの書で説明されているのでここでは割愛）。表1-1のように、例えばド＝261.6Hzを基準にすると、1オクターブ上のドのピッチはピタゴラス音律による計算ではちょうど2倍の523.3Hzに比べて、7Hzもの大きな差が出ます。

表1-1　ドを基準にしたピタゴラス音律と平均律のピッチの比較

音名	ピタゴラス音律	平均律
C4（基準）	261.6	261.6
C#4	279.4	277.2
D4	294.3	293.7
D#4	314.3	311.1
E4	331.1	329.6
F4（完全4度）	353.6	349.2
F#4	372.5	370.0
G4（完全5度）	392.4	392.0
G#4	419.1	415.3
A4（チューニング音）	**441.5**	**440.0**
A#4	471.5	466.2
B4	496.7	493.9
C5（オクターブ）	**530.4**	**523.3**

また、後述の1.5節の表1-4に記載していますように、ピタゴラス音律では長3度や長6度の音程におけるピッチの比が大きな数の比になっているため濁った音になります。そこで、えいやっ！とよりシンプルな比にした**純正律**があります。2つの音のハーモニーの協和度は2つのピッチの比がシンプルなほうがきれいに聞こえるという性質があります。

やがて、17世紀の物理学者メルセンヌが定めた**平均律**という12に等比分割した音律が現れます（1.3.4項を参照）。今日、私たちの聞きなじみのある現代の西洋音楽のほとんどはこの平均律を元にして作られています。ただ、クラシック音楽の演奏においては、より美しいハーモニーのために純正律を用いられることが多いです。

1.3.2　音楽にまつわる科学者

ピタゴラス以来、西洋において音楽は科学の一分野として発展し、プトレマイオス、レオナルド・ダ・ヴィンチ、キルヒャー、ヘルムホルツなどにより数学や物理との関連はもちろん天文学や哲学と共に歩んできました[9]。ピタゴラスの思想はプラトンに受け継がれ、彼は著書『ティマイオス』で天体と音律を結び付けて説明しようとし、後のヨハネス・ケプラー（1571-1630）に影響を与えました。ケプラーは惑星の円運動「ケプラーの法則」で有名な天文学者ですが、音楽と天体の共通性

や関係性を見出そうとしていました。また、著書『アルマゲスト』で地球が宇宙の中心であるという天動説を唱えたプトレマイオスは、古代ギリシャの音律を整理し7つの音律を導き出すなど音楽学者としても活躍しました。調和（ハーモニー）という意味を表す「ハルモニア」という言葉・思想がありますが、古代ギリシャでは同時に音階をも意味していました。プトレマイオスは、天体の整序された円軌道は音階の周期的な性質と同様であるとし、天体と音階を共に調和の取れた「ハルモニア」として結び付けて理論化したのです。

もう一人、アタナシウス・キルヒャー（1601-1680）というドイツの学者を挙げておきます。大著書『音楽汎論』において音楽を順列・組み合わせ問題や確率論と結び付けて作曲論を展開しています。博学であったキルヒャーは音楽理論をあらゆるものに結び付け、鳥の歌の観察や楽器の考案まで多岐にわたったそうです。

さて、作曲家の中にも科学的思考の持ち主も結構いまして、ロシアの作曲家で『韃靼人の踊り』で有名なボロディンは、化学者としても名を馳せたダブルメジャー作曲家として有名です。また、統計や数式を用いたクセナキスは建築家でもありましたし、易学と確率から作曲のアプローチを行ったジョン・ケージはキノコ博士でもありました。

音楽と科学の親和性ということでは、作曲家や演奏家とお話をすると、音響学や数学に詳しい方にも出会いますし、また逆に科学者や医者、エンジニアといった理系職業に熱狂的な音楽愛好家が多かったりします。かのアインシュタインも幼少期からヴァイオリンを演奏していました。

1.3.3 なぜラは440Hzなの？

ところで、誰が「ラの音を440Hzにする！」と決めたのでしょうか。また、なぜオーケストラではオーボエとコンサート・マスターがラの音でチューニングするのでしょうか。

残念ながらこれらは科学的な根拠はなさそうで、諸説、なりゆきや都合でそのように決まった、ということのようです。

オーケストラでは演奏前にラの音で各楽器がチューニングをします。それぞれが好き勝手なピッチで演奏しては音が濁るので、統一するために440Hzや442Hzのラの音を使って合わせます。一方、吹奏楽ではクラリネットやトランペットなどB♭管（開放音がシ♭）が多いことからシ♭でチューニングします。

　オーボエがチューニングのラの音を提示するわけとしては、リードの抜き差しでしかピッチ調整できなく難しいからとか、よく通る音色だからとかいった説があります。また、ダブルリード楽器であるオーボエは細い管の中に息を通すので、音を安定して長く伸ばすことができるからという説もあります。ただ、同じダブルリードでもファゴットは、音域が低いから使われなかったのかもしれません。歴史的にオーケストラに登場したのもオーボエよりも遅いこともあるかもしれません。

　なぜラの音でチューニングするのか？についてですが、ラはアルファベットでAと書かれることから古代ギリシャのピタゴラスの頃から基準音として認識されていたことが想像されます。赤ちゃんの泣き声がラに近いからという説を聞いたことがありますが、泣き声には個人差がありそうですし、これはちょっと考えにくいですね。実用と慣習の両面で考えると、ヴァイオリンやマンドリンのような弦楽器では4つの開放弦のうち1つは共通してAの音があります。開放弦とは左手で弦を押さえないで弾くことで、つまり弦の基本周波数が鳴ります。よって、基本周波数が互いに合っていないと、各楽器間でピッチを合わせ美しいハーモニーを得るのが難しくなりますし、楽器の響きも悪くなります。だから、まずこの開放弦のAをお互いに合わせます。そして、各自他の残りの弦もこの合わせたAを基準にチューニングします。

　そして、コンサート・マスターに関しては、オーケストラでは上下関係…いや、役割分担が関係してくるのですが、一番偉そうにしている人…いや、頼りになる合奏のリーダー（!）は、通常ファースト・ヴァイオリンの先頭に座る（かつ、オーケストラの中心に座る）人がその大役を果たします。だから、一番偉いコンサート・マスターの楽器であるヴァイオリンのAのピッチに、他の楽員全員が合わせるという慣習になっているようです。

　さて、この基準となるAのピッチですが、現在は440Hzが一応の世界標準です。しかし、モーツァルトの時代では残された音叉によると421.6HzをAとしていたようで、時代と国が変わればAのピッチも変わりまったく統一されてはいませんでした。Aのピッチが440Hzになったのは音楽史上としてはごく最近のことで、英国科学雑誌『ネイチャー』の記事として1939年にロンドンで開かれた国際会議で採用されたと報告されています（表1-2）。また、1955年には世界標準化機構にISO16として採用されました。

表1-2 1939年の国際会議で提案されたA4のピッチ（『ネイチャー』1939より）

国・標準化団体	提案されたAのピッチ（Hz）	国・標準化団体	提案されたAのピッチ（Hz）
フランス	440	国際放送連合	440
ドイツ	440	イタリア	435±4
アメリカ	440	ヨーロッパのコンサート放送	443
オランダ	440	電子オルガン（米）	440
イギリス	440	電子オルガン（英）	439
スイス	440		

　ところが、この「一応」の世界標準は必ずしも守られているわけではなく、アメリカでは440Hzが一般的ですが、日本では442Hzが多く、一方、ヨーロッパのオーケストラではさらに高いこともざらで、高いピッチが好まれる時期もありウィーン・フィルでは443〜445Hzだったり、かつて帝王と呼ばれた指揮者カラヤンはベルリン・フィルでの演奏で446Hzまで上げさせたとかいわれています。

　このピッチの差ですが、一般的には1Hzの差は分からないと思います。ただ、演奏家にとっては1Hzの差はしっかりと違いを感じます。442Hzでずっと演奏している人にとっては、チューニングのときに1Hz低い441HzのAを聞くと、「あれ？なんか低いぞ」と違和感を感じます。さらに2Hzも低い440Hzに調律されてしまったピアノと合奏するときには、とても低く感じて、室内楽などで合奏をするときには自分のピッチをコントロールしてピアノに合わせるのにとても苦労します。

1.3.4 音階とピッチ

　ドレミファソラシ…と順に音階を上がっていくとまた高いドになりますね。音階を構成する音はその他のド♯やミ♭も含め12あります。前述のように現代ではこれらの音のピッチは1オクターブを12等分した平均律が多く用いられます。今12等分と書きましたが、正確には1オクターブという2倍のピッチ差を12乗根で分ったものです。半音の音程は12乗して2になる周波数比ということになります。もちろん筆算では大変なのでパソコンや電卓で計算しましょう。

　半音の周波数比aを求めてみましょう。12回かけて2になるということは、$a \times a \times \cdots a = a^{12} = 2$となる$a$を求めることになります。よって2の12乗根を計算すると、$a = \sqrt[12]{2} \fallingdotseq 1.0595$となります。つまり、半音上がると約6%、周波数がアップします。半音の違いというのはパーセントで聞くと意外と小さい気がしますね。

そして、全音は半音1.0595の二乗ですので、1.122となり約12%アップです。図1-7はドから順に各音が何Hzになるかをグラフにしたものです。少しカーブして指数的に増大していることが見て取れます。

　ここで、音程の尺度としてよく用いられるセントについても説明しておきます。**セント**は半音より細かい周波数比を示すときに使われるもので、ピッチを合わせるときに使うチューナーなどに表示されています。100セント＝半音と定義され、1オクターブは1200セントです。よって、1セント（c）はオクターブの周波数比2を1200で等比分割するので$c=\sqrt[1200]{2}=1.000578$となります。よって、約0.06%のピッチ変化ですので、この差を耳で識別するのは不可能に等しいです。

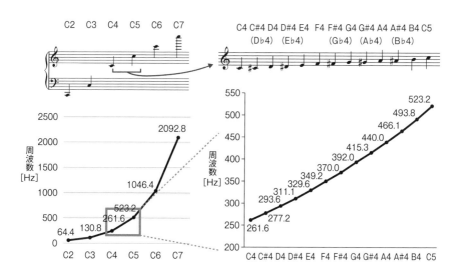

図1-7　ドを基準としたオクターブと平均律による12音のピッチ

1.4 〉 音楽と感情

　さて、ここまで音楽や音について物理や数学の側面からざっと見てきましたが、次は、音楽を聞く人間にスポットを当てて聴覚や認知科学などの側面から音楽について考察してみましょう。

1.4.1 音楽はどうやって聞いているの？

空中を伝わる音は耳で集められ耳の奥にある鼓膜をゆらす、というところまでは皆さんご存知だと思います。その鼓膜がゆれた後の聴覚に関係する器官を図1-8に示します。鼓膜のさらに奥の内耳にあるツチ骨、キヌタ骨、アブミ骨の3つからなる耳小骨に伝わり、カタツムリ状の蝸牛のなかの基底膜にある有毛細胞で電気信号に変換されます。その信号は聴神経（蝸牛神経）から延髄と脳の視床下部を通り大脳皮質の側頭葉で音として認識されます[10]。

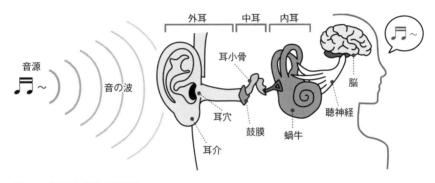

図1-8 耳で音を聞く仕組み

単に聴覚の刺激としての音はこのような経路で脳に伝達されるのですが、音楽として音を認識するという場合の脳内処理はより高度で複雑です。音楽の知覚の場合は、瞬間的な音の刺激が時系列情報として脳内の短期記憶領域に保存され、その蓄積された音情報からパターン化・群化する**ゲシュタルト法則**といわれる過程を経る必要があります。

つまり、例えば「ドミソミドミソミファラドラドー」のようにメロディが耳から入ってくると、まずピッチの変化（音程）を脳の短期記憶領域に蓄えます。次に、図1-9に示すように蓄えた音の情報から何かパターンと区切りを探そうとします。この例ですと「ドミソミ」のパターンが2回あるので、これを1つのまとまり（チャンクと呼ぶ）と認知し時間の間隔であるテンポやリズムを予測します。次に「ファラドラ」と別の音程パターンが出てきたので、ここでまた一つの境界線を引きます。結局、先の音の列は「ドミソミ・ドミソミ・ファラドラ・ドー」といったように音楽の旋律構造やリズムパターンをとらえます。ダウリングの実験（Dowling,

1973）によると、人間は音楽をこのような短いまとまりごとに聞き取っていて、このまとまりを不自然にぶつ切りにして音楽を聞くと記憶に残りにくいことが示されています。図1-9は音高による例ですが、音量やリズムについても同様のことがいえます。このような旋律の認知についてはまた後ほど第4章で取り上げます。

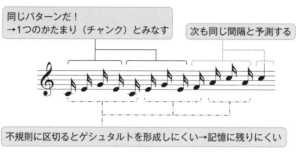

図1-9　ゲシュタルトの形成

1.4.2　ヒトの感覚量は対数的・指数的（ウェーバー・フェヒナーの法則）

　突然ですが。牛乳をコップ一杯飲みましょう！

（なんで??とおっしゃるかもしれませんが…）

　今飲んだ量を100ccだとします。

　もう一杯、100cc飲んでください。2倍飲んだことになりますね（当たり前ですね）。

　100ccと200ccの牛乳の量の違いは、おなかがタプンタプンになるのですぐ分かります。この100ccの差は、小さい胃袋にとっては結構な違いです。

　ところが、牛乳屋さんに10リットル（10000cc）の牛乳が入ったタンクがあったとします。

　ここに100ccを足しても大した変化ではありません。たった1％の増加です。

　このように、同じ100ccであっても、基準となるものの大きさに対して多い／少いの感覚は変わってきます。

　ちょっと音とは離れた例で話し始めましたが、このように、人間が差を感じるときは、100ccという絶対量ではなく、2倍とか1％といったような比率による相対量が重要といえます。「うぇっ！もういらない！」と感じるか「あまり変わらないな」と

感じるかは基準となる元の量に対する比率次第です。

　このように刺激の強さに対する感覚、すなわち物理量と心理的な感覚量との間には、対数や指数の関係があることが知られています。感覚における対数や指数の関係は**ウェーバー・フェヒナーの法則**と呼ばれます。

　音に話を戻してみましょう。音量の変化に対しても人間の聴覚は指数的／対数的な尺度を持っています。

　例えば、大きくなった／小さくなったの音の大きさの違いは指数関数的に増減します。そうすると音量を表す数値の桁がどんどん大きくなり分かりにくくなってしまいますので、対数を取ったデシベル（dB）という尺度を使って音量を記述します。

$$音量(\mathrm{dB}) = 20 \log_{10}(P/P_0)$$

P は比較する音圧で P_0 は元になる音圧です。例えば、P が P_0 の10倍とすると、$\log_{10}(P/P_0) = \log_{10}(10) = 1$ ですので、音量は20dBの差となります。この音量の例を表1-3に示しますが、静かな図書館と電車のガード下の60dBの違いは、計算すると音圧にして1000倍もの差があることになります。

表1-3　dBと音圧比と身近な音の例

デシベル（dB）	音圧の倍率	音の例
0デシベル	1倍	人間の聴力限界
6デシベル	2倍	
10デシベル	3倍	静かな息
20デシベル	10倍	葉のカサカサ音
40デシベル	100倍	静かな図書館
60デシベル	1000倍	一般的な会話
80デシベル	10000倍	目覚まし時計
100デシベル	100000倍	電車のガード下
120デシベル	1000000倍	飛行機の爆音

　また、音の大きさを感覚量で示すのにフォン（phon）という量があります。同じ大きさに聞こえる音量を同じフォンの値で表すのですが、図1-10のように曲線で表されます。これは**等ラウドネス曲線**と呼ばれ、周波数によって同じ音量と感じる音圧が変化することを示しています。例えば、40フォンという値は基準となる周波数である1000Hzの音が40dBであるときに40フォンと決めたもので、周波数が異なっても同じ音の大きさと感じたときのdB値をつないでいくと図のような曲

線になります。この曲線は実験により測定されたものでISO 226として国際規格化されています。なお、0フォンは音が聞こえる最小の音圧レベルを意味しています。このグラフから分かるのは、音の周波数が低いほど人間の耳には聞こえにくく、3000Hz～4000Hz付近で最も感度よく聞こえるということが分かります。

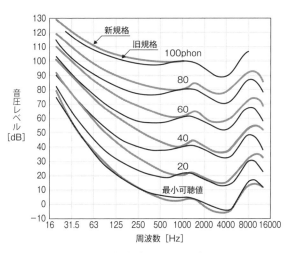

図1-10　等ラウドネス曲線（ISO226より）

1.4.3　音楽は感情を表さない?!

長調の音楽＝楽しい音楽。…でしょうか？

おそらく、長調の音楽は楽しさを表すことが多い、もしくは楽しさを表すと思い込んでいる、という表現がよいでしょう。短調でも楽しさを歌った曲はありますので。例えば、「明かりを点けましょ、ぼんぼりに♪…今日は楽しいひな祭り♪」という歌をご存知ですよね。でも、この曲は短調でメロディはむしろどことなく「悲しげ」な雰囲気です。もしこの歌詞を知らない人（例えば外国人）がこの曲のメロディだけを聞いた場合、曲の印象をどう受け取るでしょうか。

もう一つの例を挙げてみましょう。怒りを表すときに長調で書くでしょうか？短調で書くでしょうか？　ヴォルフガング・アマデウス・モーツァルト（1756-1791）の有名な歌劇『魔笛』に「復讐の炎は地獄のように我が心に燃え」（通称、「夜の女王のアリア」）という曲があります。通常では使われない超高音域のコロラトゥーラがある曲で、ソプラノ歌手にとって難易度の高い曲として大変有名な歌です（ぜ

ひ、音源やビデオを見てください)。この怒り狂った夜の女王の歌は単純な短調の曲ではありません。曲の冒頭こそはシリアスなニ短調ですが、10小節も過ぎるとすぐ長調に転じます。そして「もはやお前は私の娘ではない!」と歌う最高点で、メロディはなんとへ長調で書かれているのです。一見、怒っているときはネガティブなイメージ=短調になると予想されるかと思いますが、モーツァルトはそうは書かなかったのです。

　もっとも、音楽において一曲を通して、ずっと短調・ずっと長調ということはなく、曲の中で調を変えて明/暗を切り替えることは、むしろ音楽において普通のことなのです。このように長調・短調は必ずしも曲の内容(歌詞)とは一致しないことはよくあります。また、暗い内容だからといって曲調をずっと短調で書くのではなく、むしろ暗い曲調の中にも明るい長調を挿入することで、より深い印象を与えることも作曲家の腕前であったりします。

　さて、この音楽と感情についてですが、一見、作曲家は感情を音楽に込め、そして聴衆は音楽の中に感情表現を見出す、という構図は至極当たり前のように思われますが、実はこれが盲点なのです。

　ここで、ちょっと驚きの説を紹介しましょう。

　音楽はそもそも感情を表現できないのです。

　「なんで?! そんなことないでしょ!」と、お思いになるかもしれません。

　音楽は、音楽以外に表現できない、という理論があるのです[11]。

　この主張をした有名な音楽批評家がプラハ生まれでウィーンで活躍したエドゥアルト・ハンスリック(1825-1904)という人物です。『音楽美論』の著者として有名な批評家です。この人はワーグナーやブルックナーにとっての天敵のような存在で、彼らの音楽に対して痛烈な批判を展開しました。その一方でブラームスの書く絶対音楽を支持しました。

　ハンスリックの主張によると、音楽にはただ純粋に、美しい旋律が奏でられている、ノリのよいリズムである、といったように、「音楽は音楽でしかない」ということです。

　では、音楽と感情とはどのような関係にあるのでしょうか。

　音楽には、感情を表現する手段(チャネル)をもともと持っていないのです。音楽に、歌詞やタイトルといった言語情報や、作曲の経緯や作曲家が置かれた立場・状況などのような付加された情報によって、初めて感情を伝える新たなチャネルが

できます。私たち聴衆は、その付加的なチャネルを通じて音楽の意図を連想するのであって、音符の並びであるハーモニーやリズム、メロディ自体は、単なる物理的な音響信号でしかありません。

　下行音型が悲しみを表すとか、倚音（いおん）には悲哀の感情があるといったような解説がなされることがありますが、そのようなハーモニー・リズム・旋律と感情の関係性はそもそもないのです。例えば、「××ソナタにおいて作曲家○○は悲しみの感情を下行音階で表現した」とある作曲家がプログラムノート（曲目解説）にそう書いた、もしくはある評論家がそうではないかと推測して解説したとします。しかし、その先入観となる情報がない人が曲を聞けば、何もそこから悲しみは感じてこないのです。下行音型を使った音楽がすべて悲しい音楽ではないですね。また、短調の倚音（非和声音の一つ、2.5.8項を参照）はバッハからヴェルディのオペラにおいて悲哀の表現として定石のようにいわれていますが、これも悲哀と倚音に普遍的な関係はなく、むしろ倚音は単なる一作曲手法として使われることの方がはるかに多いのです。

　フィリップ・ボールは著書[5]の中で「作曲家は感情を伝えようとして曲を作り、聞き手はそれを感じ取る」という通説に対して、チャイコフスキーやヒンデミットの残した言葉など数多くの引用を用いて否定しています。音楽を聞くことで何らかの感情が誘発されますが、ある旋律を聞いてどう感じるかは人それぞれです。逆に、とある感情を誘発させる旋律のあり様も、それこそ無限にあるということを示しています。

　音楽は言語のように感情の伝達を的確にはできません。歌詞やタイトル、また作曲家によるプログラムノートや証言などのような言語情報により、音楽と感情の関係は強制的に連結させられるのです。ハンスリックは、作曲家は音楽によって何らかの感情を表現すると思われているようだが、はたして創出された音楽と感情に相関関係はあるのか、という問題提起をしたことになります。

　さらに、音楽と感情の相関に関して以下のように議論がなされています。音楽学者デリック・クックは著書『音楽の言語』において音階や音型そのものに感情を喚起するものが存在するとしました。悲しい歌詞には短調が使われ、長調で上行音階には気分の高揚や明るさが表されるというのです。また、ピーター・キヴィは長調から短調への移行やディミニッシュコードは沈んだ雰囲気を与えるとしました。そして、バロック時代には、ある感情を音型でどう表現するかというマッピングする

ことがなされたともいわれています。しかし、フィリップ・ボールはこれらはあくまで慣例であり音の並びが特定の感情を喚起するのかはいっさい分かっていないと反論しています。むしろバロック時代の音型が指す感情のサイン化については、逆にいうと音型が普遍的に自明に感情を表現することができないから、わざわざ成文化されたのではないかと指摘しています。

以上の議論から、私たちが注意しなければいけないのは、確かに「Aという音楽を聞いてBという感情が誘起された」という観察は多くなされてきました。でも、これは現象論であって、なぜ・どのように音楽から感情が起きるかのメカニズムは依然としてブラックボックスであり解明されていません。

キヴィのいうように短調やディミニッシュコードを聞いて悲しい感情が起こる生物学的あるいは普遍的な理由はないのです。例えば、短3度の音程を聞くと人間の脳内の××が反応して○○というホルモンが分泌され、それが暗いという感情を生み出す、といったような科学的な解明はなされてないのです。

ここまで、音楽はあくまでも音響信号であり、感情は付随する言語情報によって伝達可能という話をしてきました。

しかしここで、じゃあ、「歌詞や曲名は音楽に含まれないのか！」という疑問が湧いてきますね。

ここで思い起こしていただきたいのは、先述のように音楽の3要素として、ハーモニー・リズム・旋律の3つを紹介しましたが、文字・言語情報である歌詞や曲名は音楽の定義の要素に入っていません。

音楽理論家のチャールズ・ローゼンは「音楽はあいまいであって言語のように意思伝達には不向きである」と、また「一つの音楽要素に決まった意味をしつこく与えたがるのは音楽を言語と混同するところから起きる」と述べています[12]。音楽は抽象的なものであって、具体的な感情などの意思伝達は歌詞などの言語情報でしか伝わらないことを述べています。そして下記のような警鐘も記しています「抽象音楽の要素に一定の情緒的意味をくっつけようとすれば失敗は目に見えている。和声、質感、リズムに応じていたるところで意味を変えていくからだ」。また、調性の持つ性格についての分析や言及についてもまったく無意味だと論じています。

以上の批判的な論を紹介してきましたが、音楽に感情が結びつくのは、やはり歌詞などの言語情報や作曲にまつわる背景などの情報と、そして私たちの音楽環境である文化と一種の経験則や学習によるものと考えられます。つまり、短調のメロディに悲しさを感じるのは、これまで私たちが聞いた曲の歌詞が悲しい内容であったり、評論家の何某によって「この悲しげなメロディは作曲家の家族の死の悲しみによって…」などのような解説が書かれたり、といった言語情報によって植え付けられた先入観なのでしょう。まして、バッハのように厳格な対位法で理論的に作曲された器楽曲に対して、そこから○○な感情が読み取れるという解釈は普遍的・合理的であるとはいえません。

さらにもう少し踏み込んで考察してみると、あるいは音楽が意図するところ、音楽が表現しようとしていること、これらも実にあいまいなのです。先ほどのフィリップ・ボールの著書では、コープランドやマーラー、メンデルスゾーン、ストラヴィンスキーらの多くの証言を引用して議論されていますが、結局のところ、音楽の意図や表現したいことが相手に正しく伝わるかというと、それは不可能に近いということです。何の情報もなしにベートーヴェンの『英雄』交響曲を聞いて、誰がそこから皇帝ナポレオンを想像できるでしょうか。ベートーヴェンがナポレオンを賛辞して書いたと、作曲家自らが説明を添えたからこそ分かることです。音楽は、言葉のように具体性のある伝達媒体ではなく、実に抽象的であいまいなものなのです。

そうすると、「音楽は万国共通の言語である」といったロマンティックな表現を耳にすることがありますが、これもいわば比喩となります。確かに、筆者も経験がありますが、言葉が通じなくても歌い踊り、そして合奏するなど音楽を通じて楽しく異国の人とコミュニケーションを取れることがあります。しかし、言語というにはあまりに情報量が少なくあいまいです。先ほどの短3度も、国や地域によっては悲しさとは関係がないこともよくありますので、気を付けないといけません（スラブやスペインの民族音楽、ジャワのペロッグ、日本も含まれる）。喜怒哀楽の表現が逆だったりすると、楽しい音楽セッションどころか、あらぬ誤解から喧嘩になってしまうかもしれませんね…。

1.4.4　音楽聴取における感情の分析

とはいえ、音楽は感情と結びつかない、と結論付けられているわけではありません。実際、私たちは音楽を聞いてある感情をいだくことがあります。ただし、どのよう

な感情をいだくか、それ以前に感情をいだくか否かは人それぞれだということに留意する必要があります。人はこの世に生まれてから多くの音楽を聞き、また様々な人生経験を踏むことによって感情と音楽を関連付けています。上述の批判的論理を踏まえて感情と音楽がどう結びついているのかを慎重に考察しなければいけません。

　まず、感情とは何か。音楽心理学の分野では、**情動**（emotion）や**気分**（mood）を含む包括的な広範囲の心の動きとしています[13]。エクマン（Ekman, 1984）は基本感情として、喜び、嫌悪、驚き、怒り、恐怖、悲しみ、の6つを挙げています。他に、イザード（Izard, 1977）は苦悩や軽蔑、恥、罪悪感などを挙げています。もっとも、人間の感情は複雑ですので、単純なカテゴリー分けでは表現できない感情はいくつもあります。

　初期の研究（1930年代）としてヘブナー（Hevner, 1935）はメロディの表現要素と感情の関連を実験しました。おおむね、長調は明るい印象、短調は暗い印象を与えることが分かりました。また、ゆったりとしたテンポは安らぎや威厳を、速いテンポは楽しく興奮させる印象をそれぞれ与えることが分かりました。私たちの一般的な概念と通じますね。

　その後の研究により大人だけでなく4歳5歳くらいの子供も、大人同様に喜びや怒りといった基本感情を感じるという研究結果が報告されています（Dolgin & Adelson, 1990）。興味深いことに、逆に感情表現から音楽を生成する作曲においても、作曲家にある感情を表現する音楽を作成するように注文した実験を行ったところ、だいたい似たような曲調になったという研究報告があります（Thompson & Robitaille, 1992）。この基本的感情と音楽表現の関連は国が違っても似た傾向があるようで、西洋音楽とインド音楽の比較（Gregory & Varney, 1996）、日本音楽との比較（Balkwill et al., 2004）などが行われています。なお、感情に関与する音楽の要素として、長調・短調、旋律の上行形・下行形、リズム的・非リズム的、テンポの速い・遅い、協和音・不協和音、複雑・単純などがパラメータとして提案されています。ただ、これらの要素がそう単純に感情と結びつくものではないことはいうまでもありません。安易な結び付けは先ほどのローゼンの主張のように失敗に終わるといえましょう。

　近年では、ラッセル（Russell, 1980）らにより音楽から受ける感情や印象について Valence-Arousal モデル（VA空間モデル）が提案されています[14]。例えば、Valence（感情価）はネガティブ⇔ポジティブを、またArousal（覚醒度）は覚醒（行

動的)⇔沈黙のように対になる感情を2次元空間に表現します。この空間上のどこにあるかで、楽曲の類似性などを測ることができ、ジャンル分けや楽曲推薦システムなどに応用されています[15]。

1.4.5　よい音楽、美しい音楽を科学的に説明できるか

　さて、次は何気なく使われる「よい音楽」という表現。筆者も何気なく使っています。音楽を聞いて「この曲、いいねー」という具合に。

　でも、音楽の良し悪しってどういうことなのでしょうか?

　たぶん、その「よい」という表現の意味するところは、心地よいとかキレイとか他の形容詞に置き換えられるのかもしれません。もしくは、主語や目的語が省略されたり、漠然とした心の充足感を表していたりするのだと考えられます。

　音楽におけるよい/悪いの使い方は、ある目的・対象に対して音楽がよい方向に作用をするといったように、手段として評価する場合の言葉の用法は合っています。例えば、リラックスするのによい音楽、運動するときにテンションを上げるのにちょうどよい音楽、などのように使われます。また、「心地よい音楽」といった表現も適切といえます。そのように感じる音や音楽は、調和したハーモニーであったり、速すぎず遅すぎず中庸なテンポであったり、音色においてはシャープネスや金属因子の値が小さかったりといったようにある程度は客観的で定量的な説明がつきそうです。しかし、音楽の内容や表現についてよい/悪いという評価は難しい、というか規定できそうにもありません。

　もう一つ、「美しい」も音楽に対してよく使われる表現です。これに関してはハーモニーが不協和音だらけでないとか、楽器や歌声の演奏の音色が金属的でなく雑音が少ないとか、または、バッハやハイドンの作品のように均整が取れた曲の構造美や完成度を指していたりするのであれば、これもある程度の客観性を持って美しい/美しくないの傾向分析ができそうにも思えます。しかし、その美・醜の線引きは主観評価によるところが大きく、難しいといえます。

　これまでにも統計的にクラシック音楽で使用される音高の頻度が調べられてきました。バッハやモーツァルトからシューベルトあたりの年代では、やはりカデンツをなす音の頻度が高いことが分かりました。音楽心理学者のキャロル・クラムハンスルは、ある音が調性にどれだけ適合するかのアンケートを取ったところ、クラシック音楽で使われる音高の頻度分布によく似ていることが示されました。この実験

のように、音楽のジャンルに依存しますが、ある特定の音の音楽における適合性の共通認識を測る試みもあります。ただ、皆さんも察するようにメロディの良し悪しは構成する音の頻度や適合性ばかりでは決められないということは想像に難くありません。

さて、近年ではより客観的に音楽の快や美を判定するために、音楽を聞いたときのホルモンの分泌や脳波の計測をする方法の研究も行われています[10]。しかし、こういった実験では、非侵襲的手法（破壊や危害の及ばない方法）のための工夫が大切で、例えば音楽を聞いたときの心地よさについて脳の状態を計測するのに、脳波計のようにたくさんの電極を頭に付けたり、MRIというトンネル構造の装置に突っ込まれたりして、はたして心地よさの計測の障壁にならないのかといった指摘もあり、簡単ではなさそうです。

しかし、統計的な解析手法を正しく使えば音楽の主観的な価値判断も評価可能な場合があります。例えば、どちらが好きですか？といったアンケートによる多数決によって、評価対象の音楽のどちらが選好されるかを評価することができます。でも、これも母集団（アンケートを聞く人たち）によって左右されます。アンケートにお願いする人は誰でもよいわけではなく、よく考えなければいけません。普段、バッハが好きでクラシック音楽しか聞いてない人に、ジョン・コルトレーンとマイルス・デイヴィスのどちらが好きかというアンケートを取っても難しいかもしれません。たぶん、「どっちもいいね！」となるでしょう。

1.5 実際に平均律と純正律の音の違いを体験してみよう！

文章ばかり読んでいてもイメージが湧かないかと思いますので、実際に音源を用意しました！　例として1.3.1項で取り上げた平均律と純正律を聞き比べてみましょう。電子楽器は平均律が使われますが、クラシック音楽の弦楽四重奏のようにピッチが自由になる楽器同士の合奏（アンサンブル）では純正律による和音の方が美しく響きます。

和音が美しく聞こえるためにはピタゴラスが発見したような2：3の比になる完全5度や完全4度のように、単純な比率であるほうがよいのです（2.2.5項、協和度曲線を参照）。次に比率がシンプルなのは4：5の長3度です。ピタゴラス音律では長3度は64：81ですが、純正律では5：4とよりシンプルになるため濁りが少なく

より調和した響きになります。

　表1-4はピタゴラス音律と純正律の比をまとめたものです。この表から純正律には2種類の全音音程があることになります。ドに対してレのピッチは9/8倍ですが、レに対するミのピッチは、5/4÷9/8＝10/9となります。前者の全音は幅の広い大全音と呼ばれ、後者は幅が狭い小全音と呼ばれます。同様に、半音音程では4つの比率があることになります。このように音程が不均一だとピアノやオルガンでは問題が生じます。調性が変わると響きも変わってしまい、ある調性では美しく響いても、別のある調性では美しく響かないことになります。よって、曲の調が変わるごとに調律をしなければいけなくなってしまいます。また、曲の途中で転調もできなくなってしまいますので、作曲上の足かせとなってしまいます。その観点において、音楽の歴史的な発展と共に多様な調変化に対応するためにも、多少の濁りを許容した実用的な平均律が結果的に選択されたといえます。表1-5に純正律と平均律の周波数比の違いの例を挙げておきます。

表1-4　ピタゴラスの音律と純正律のピッチの比較。C（ド）を1としたときの各音のピッチ比

	C	D	E	F	G	A	B	C
ピタゴラス音律	1	9/8	81/64	4/3	3/2	27/16	243/128	2
純正律	1	9/8	5/4	4/3	3/2	5/3	15/8	2

表1-5　純正律と平均律の周波数比

音程	純正律周波数比		平均律の周波数比
短3度	6/5	1.2	1.189207
長3度	5/4	1.25	1.259921
完全4度	4/3	1.333	1.334893
完全5度	3/2	1.5	1.498307
長6度	5/3	1.666	1.681792

　このピッチの違いを体験できるように音源を用意しました。音源はリンク先にありますので、聞き比べてみてください。音源は、ド（C5）に対する長3度のミと完全5度のソについて、純正律と平均律のそれぞれの音程で取ったピッチを用意しました。まず、ドとミの2音を提示して、次いで和音を鳴らしています。比較のために純音と2倍音・3倍音を重ねた複合音の2種類を用意しました。純音より複合音の方がはっきりと違いが分かると思います。

▼第1章の音源のURLとQRコード

https://gihyo.jp/book/rd/c-music/chapter1

1.5.1　プログラムのダウンロードと実行について

　上に示した音源はPCM音源と呼ばれる電子音です。数十行程度のC言語のプログラムで作成されていて、同じサイトにプログラムソースがありますので、プログラミング学習や発展学習にご活用ください。

　プログラムを実行するには、MicrosoftのVisual Studio 2019（Community無償版）以降が必要です。Microsoftのホームページからダウンロードしていただき、「C＋＋によるデスクトップ開発」にチェックを入れてインストールしてください（詳細はMicrosoftや他のインストールを解説したホームページや書籍などをご参照ください）。

　開発環境のプログラムはソリューションと呼ばれる開発環境のパッケージとしてまとめてあります。本書のダウンロードサイトより、圧縮ファイルでダウンロードします。各フォルダ中にある「〇〇.sln」というソリューションファイルをダブルクリックするとVisual Studioが起動します。実行するにはメニューより「デバッグ⇒デバッグの開始（F5）」を選択します。

　なお、本書の執筆時点での最新はVisual Studio 2019ですが、その後のバージョンアップがあると思います。2019バージョンがダウンロードできなくなった場合は、最新のバージョンを入手して空のプロジェクトを作成して、そこにソースプログラムをコピペすることで対応可能です。そのときに、必要に応じてwav形式ファイルを作るためのヘッダーファイル（wavefile.h）も取り込むようにしてください。

　環境構築やプログラムの詳細については、筆者による前著『やさしい音と音楽のプログラミング』で詳細を示していますのでそちらをご参照ください。

第2章

ハーモニー

この章では、音楽の一つの要素であるハーモニーについて音階、調、和声を中心に説明をします。私たちが日常で聞いている音楽のほとんどはヨーロッパで発展した楽典と呼ばれる音楽理論に則って作られています。和声は西洋音楽で生まれたハーモニーを規定する理論です。

2.1　音階と調

　音階（スケール） とは音高（ピッチ）の異なる音を下から（上から）順に並べたものです。まずは私たちの最もなじみのあるドレミの音階から見てみましょう。

2.1.1　音名

　いくつか基本的なことをおさらいしておきます（分かっている方は読み飛ばしてください）。

　音名とはドレミファソラシドのことで、元はイタリア語です。英語では順にアルファベットでC、D、E、F、G、A、Bと書きます。ドイツ語では、C（ツェー）、D（デー）、E（エー）、F（エフ）、G（ゲー）、A（アー）と発音し、そして、シがH（ハー）となるのが英語と異なります。日本語ではA＝イ、B＝ロ、C＝ハ、D＝ニ、E＝ホ、F＝ヘ、G＝ト、となります。

　なお、もう一つ、音の名前の付け方として階名もあります。これは音階の基準となる音を常にドと呼ぶ方法です（いわゆる移動ド）。本書では、特に断りがない場合は絶対音名（固定ド）としてのドレミで話を進めます。

　全音はドとレ、レとミの音程（ピッチの間隔）を指します。全音の半分を**半音**といい、ドとド#、ド#とレの音程を指します。また、ミとファの間も半音です。

　ある音を半音分高くするときには#（**シャープ、嬰記号**）、逆に半音分低くするときは♭（**フラット、変記号**）を使います。これらは曲の途中で変更するときに使い、変位記号や臨時記号といっています。そして元のピッチに戻すには♮（**ナチュラル、本位記号**）を使います。図2-1のように、ドを半音高くしたド#はC#、嬰ハとなり、レを半音低くしたレ♭はD♭、変ニとなります。

図2-1　シャープとフラット、ナチュラルの記号

次に、ピアノの鍵盤に音名を当てはめてみると図2-2のようになります。ドから順にド#（レ♭）、レ、レ#（ミ♭）…シと次のオクターブ上のドまで上ると、全部で12の音があります。

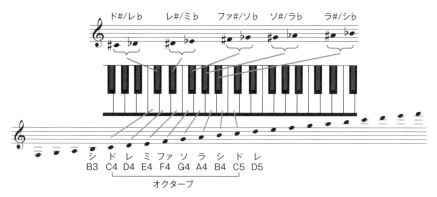

図2-2　全音と半音の位置

臨時記号（#や♭）がないドレミファソラシは白鍵に、ド#（レ♭）のように臨時記号が付くものは黒鍵に対応しています。なお、ド#とレ♭は平均律では同じピッチになりますが、音楽的には（楽典では）意味は異なります。

図2-2のアルファベット（C, D, E, …）に続く数字ですが、同じドでも高いドや低いドがあるので、この数字で区別します。Cを例にすると一番低いド（C0）から何オクターブ高いドかを示す数字で、1つ増えるごとに1オクターブ変わります。C4はピアノの中心のドを表し、オーケストラのチューニングピッチ（440Hz）はA4となります。この数字付きの表記は楽典では出てきませんが、DTM、MIDIや学術的な場ではよく用いられます。

2.1.2　音程と音度

音の高さは**ピッチ**や**音高**（おんこう）といいます。**音程**（tone interval）は音と音のピッチの差を指します。よくレッスンで「音程が悪い」と怒られることがあるかと思いますが、これはピッチが正しくないということを指します。

次に、和声を学ぶ上で**音度**という用語があります。考え方はいたってシンプルで、基準となる音（**主音**という）Ⅰから、順番に音階の何番目かを示しⅡ,Ⅲ,Ⅳ,Ⅴ,Ⅵ,Ⅶと数え、またオクターブ上の音はⅠに戻ります。図2-3は基準をド（ハ長調）

としたときの例です。

　音程も同様に基準の音から1, 2, 3, 4, 5, 6, 7, 8…と数えていきます。ドから数えて順にハ長調の構成要素のド、レ、ミ、ファ、ソ、ラ、シ、ドへ、1度、2度、3度…8度と数字を振っていきます。自分自身のドは1度です。ただし、音程の場合は逆に低い方も下に向かって1度、2度、3度…と数えます。また、オクターブの範囲を超えると、さらに9度、10度、11度…と続きます。2オクターブは15度になります。

　この音度と音程の関係は相対的なものです。もし、レを基準にしたら、ミはⅡや2度、ファはⅢや3度となります。

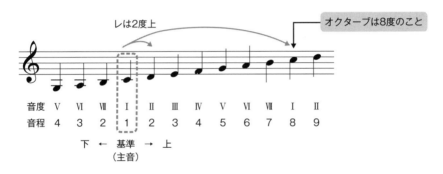

図2-3　音程と音度：基準となる音から上下にどれだけ離れるかを数える

　基本は図2-3のようにシンプルですが、これを細かく半音階（クロマティック・スケール）も含めた12音の音程をどう表すか。図2-4を使って説明しますと、まず主音のドに対するファは**完全4度**といい、ドに対してソは**完全5度**と呼びます。わざわざ完全という言葉を付けます。同じソでも♭が付くとソ♭は減5度と、♯が付いたソ♯は増5度と呼びます。半音ずれると増／減という言葉を付けて表します。

　ところが、ちょっとややこしいのは、2度、3度、6度では半音違いを長／短を付けて表します。3度のミは正確には長3度といい、半音下がったミ♭は短3度といいます（減3度ではない）。同じく、6度のラは長6度であって、ラ♭は短6度。まとめて、長3度や長6度は**長音程**、短3度や短6度は**短音程**と呼んでいます。長音程からさらに半音高い♯側の音程には増を付けます。長6度のラよりさらに半音上のラ♯は増6度といいます。少々複雑ですので図2-4にまとめましたが、音楽を専門にしている人はこの用語を使いこなしています。

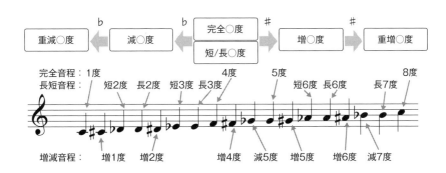

図2-4 ド（C4）に対する半音階における増／減と長／短まで含めた音程

2.1.3 ピッチクラス

　楽譜上の音符の並びをコンピュータで解析したり、数学的に集合として扱ったりする場合に、ドレミを数値に置き換えて分析することがあります。まず、ドを0とします。そしてド#＝1とし、順次シ＝11まで付け、この数値化したものを**ピッチクラス**と呼びます。オクターブの同名音は同じクラスとなりますので、C4もC5も0です。簡単にいうとドレミの名前を数字にしただけですが、楽曲研究においてはしばしば用いられるツールです（クロマベクトルなど）。そしてこのピッチクラスの集合（set）をピッチクラスセットといいます。また、音程については半音音程は1になり、全音音程は2になります。

　ピッチクラスセットは音列や和音を表すことになります。いま3つの要素からなるピッチクラスセット [0, 4, 7] があったとすると、これは0＝ド、4＝ミ、7＝ソですので、ドミソの三和音、すなわちCメジャーコードを表します。

2.1.4 長調と短調

　さて、音程や音度が分かったところで、**調**について整理しましょう。調は24種類あります（図2-5）。調の読み方ですが、主音がレであればニ長調／ニ短調、ミであればホ長調／ホ短調のように、日本語ではイロハを使います。英語ではABCを使い、ハ長調はCメジャー（C major）、ハ短調はCマイナー（C minor）です。ドイツ語もよく使われそれぞれC dur（ツェー・ドゥア）とC moll（ツェー・モール）です。

　このような長音階と短音階が、ド、ド#、レ、レ#…、シの12音それぞれにある

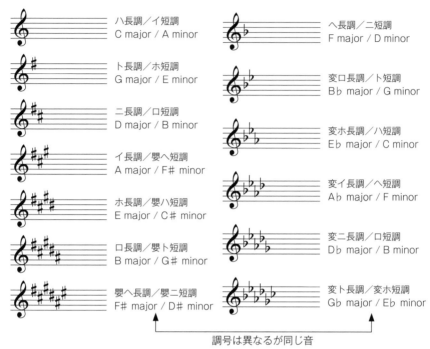

図2-5　調号一覧

ので、12 × 2 = 24種類の調があるというわけです。

　図2-6の楽譜（a）はドから始まる長音階で、楽譜（b）は同じドから始まる短音階です。1つの主音に対して長調と短調の2つの音階があります。

　一般的には長調の音階・和音で作った曲は明るい音楽を感じさせ、逆に短調の音階・和音で作った曲は暗い音楽を感じさせます。ただし、後の和声の説明で詳しい話をしますが、実際には長調の曲の中にも暗い和音も混ざっており、短調にも明るい和音も混ざっています。明るい音楽中の和音がすべて長和音とは限らないのです。

　長音階と短音階の違いはどこにあるのでしょうか？　長調／短調は図2-6のようにテトラコルド内の全音と半音の組み合わせ方で決まります。**テトラコルド**とは完全4度を構成する4つの音の組のことです。

　図2-6の（a）と（b）を見てみると、主音から3つ目のミとミ♭が違います。ハ長調のミでは全音＋全音の長3度ですが、ハ短調のミ♭では全音＋半音の短3度です。主音のドに対するこの3度のミの音程が長調／短調の違いを決めています。

(a) ドを主音とした長音階（ハ長調）　　　(b) ドを主音とした短音階（ハ短調）

図2-6　長音階と短音階

　ところが、少々ややこしいのが短音階にはもう2つの種類があるのです。和声的短音階と旋律的短音階です。これは、後で解説する機能和声に適合するための変形です。

　音階を構成する音の中には役割を持つ音もあり、中でも**導音**と呼ばれるⅦは主音Ⅰへ戻ろうとする（導こうとする）役割を持ちます。この導音は主音に対して半音下であることがポイントです。半音音程は強く隣りの音に導かれるような感じになるからです。例として図2-7のハ短調の音階で見てみましょう。

　和声進行が属和音から主和音（詳しくは2.5節を参照）に推移するときの上行音階を考えてみましょう（図2-7上）。ハ短調の属和音はソ－シ♮－レの和音です。

図2-7　和声的短音階と旋律的短音階

本来はシ♭ですが、属和音の中では主音ドに対する導音になるためシ♮を使います。そのため旋律でもシ♮を使います（和声的短音階）。しかし、この状態で上行音階としてメロディを作るとラ♭とシ♮の間が増2度なのでラも♮にします（旋律的短音階）。これらの音階に対して元の短音階は自然短音階と呼ばれます。図2-8にバッハの作品の例を挙げておきます。

※ 下行音型はこの例のようにⅥⅦ音が
半音上方変位のままのときもある

図2-8　バッハ：平均律クラヴィーア曲集第1集 第2曲 フーガより

2.1.5　ヨナヌキ音階、いろいろな音階

　このようにクラシック音楽は12音で構成されていますが、身近で大衆的な音楽は、12音をふんだんに使った込み入った曲ではなく、もっと歌いやすい簡単な曲です。私たちが小さい頃から聞く音楽の一つに子守歌や童謡がありますが、それらはずっと音数の少ない音階でできています。

　図2-9の音階の構成音を見てください。ファとシにあたる4番目と7番目の音が出てきません。いわゆる**ヨナヌキ音階**です（4＝ヨ、7＝ナ、抜き）。この例のように5つしかない音列は**ペンタトニック**ともいわれます。

　童謡や民謡でヨナヌキ音階が好まれるのは、半音がないためどこをとっても明るく健康的に聞こえ、音の種類も少なく明快なメロディになるところにあります。

　図2-10に示すペンタトニックの音階は沖縄の琉球音階と呼ばれるものです。半音進行と3度の跳躍による独特の哀愁がある音楽になります。

4番目（ファ）と7番目（シ）の音を使わない

これらの5つのみ

図2-9　ヨナヌキ音階

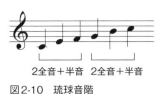

2全音＋半音　2全音＋半音

図2-10　琉球音階

日本や中国に古くから伝わる音列の十二律にも簡単に触れておきます。日本の十二律は次のようになっています[1][2]。

壱越、断金、平調、勝絶、下無、双調、鳧鐘、黄鐘、鸞鏡、盤渉、神仙、上無

壱越は西洋音階のレに相当し、順にレ#、ミ、ファ…と対応するのですが、実際には三分損益法に基づくため西洋のドレミに対応するピッチと若干異なり、例えばラにあたる黄鐘は437Hzと西洋音楽のラ（440Hz）に比べてかなり低いピッチです。壱越調とは、壱越（レ）から始まる旋法を指します。律は、宮と角が完全4度となり、呂は長3度となります（図2-11）。

律　　　　　　　　呂
宮　商　角　徴　羽　　宮　商　角　徴　羽

図2-11　日本の旋法、律と呂

2.1.6　ブルーノート

ブルーノート・スケールは、クラシック音楽で用いられることは特殊なケースですが、ロックやジャズではおなじみの音階です。その音列の特徴は暗く哀愁感があり、ブルーノートと呼ばれる半音下げた音階が暗いイメージを持たせるのに一役かっています。図2-12のようにCメジャー（ハ長調）の音階のうち、ミ、ソ、シに♭が付いた音階になります。ブルースはアフリカ系アメリカ人の民族歌謡を起源とする音楽のジャンルで、ジャズは元よりカントリーやロックなど多くのジャンルに影響を与えています。

図2-12　ブルーノート・スケールとモード（ドリアン、ミクソリディアン）

　図2-12に、ロックなどでよく使われるCドリアン・スケールやCミクソリディアン・スケールも挙げておきました。いずれもドを開始音にしていますが、ミやシに♭が付いているのでいずれにせよマイナーに聞こえるスケールです。

2.1.7　旋法

　ジャズやポップスで使われる旋法（モード）について少しだけ紹介しておきます（5.3.4項で紹介する教会旋法とは名前は似ていますが別物です）。Cメジャーの音列を見てみると半音音程はミとファ、そしてシとドの間にあります。この位置に半音音程があるスケールをイオニアンといいます。メジャースケールはイオニアンモードと同じになります（図2-13左）。

図2-13　Cメジャースケールの開始音を変更してできるモード

表2-1　7種類のモード

旋法	開始音
イオニアン	I（C）
ドリアン	II（D）
フリジアン	III（E）
リディアン	IV（F）
ミクソリディアン	V（G）
エオリアン	VI（A）
ロクリアン	VII（B）

臨時記号のないCメジャーのスケールでも、スケールの開始音（主音）がドから上下にずれると雰囲気の違うスケールができます。同じCメジャーでも、レから弾き始めるドリアンモードになるとマイナーな音階に感じると思います（図2-13右）。スケールの構成音は7つで、それぞれの構成音がスケールの開始音になれるので、表2-1のように1つのCメジャーに対して7種類のモードがあります。

2.2 〉音感

次にピッチの知覚に関するいくつかの認知学的話題について触れたいと思います。

2.2.1　絶対音感

絶対音感は幼児期の教育と訓練の賜物といえます。生まれながらにして本能的に440Hzの音を聞いてそれがラと分かることは考えにくいでしょう。絶対音感は3歳くらいから6歳までのトレーニングで身につけることができるといわれています。つまり、後天的な学習による能力です。

絶対音感のある人は耳から聞こえてくる音がみんなドレミに聞こえるといわれます。誰かが鼻歌で歌ったメロディを五線譜に書き留めるといったような、いわゆる耳コピが得意になり大変便利そうですね。さらに、もっとトレーニングを積むとピッチの1Hzの違いが分かるそうです。絶対音感のトレーニングにより微妙な違いが識別できる繊細な脳になると期待ができそうにも思えます。

このような絶対音感の学習において脳ではどのような処理がされているのでしょうか。そもそも音のピッチは連続的な値を持ちますので、例えば440Hzの音を「ラ」と記憶するのであれば、その周波数440Hzの音刺激に対して「ラ」というラベルを貼って脳に学習させるわけです（ラベリングといいます）。これは、音声を学習するのと同様で、ある音波のパターンを「あ」と認識することに類似します。あるピッチの音波を特定の音名にラベリングさせることは、いわば脳に届いた音響信号を音名に対応付けて強制的に脳に書き込むことになります。

カナダの音楽脳科学者ザトーレによると、絶対音感を持った音楽家は脳内血流や聴覚情報の処理領域が増大する傾向にあり、また、日本の脳イメージングの研究者の大西によると、絶対音感を有している人は言語理解をつかさどる左側頭平面と言語表出のための左前頭前野の神経活動が活発になる、といった報告があります[3]。

このように絶対音感や音楽のピッチ感覚は言語処理と同じく左脳の働きが大きい可能性を示しています。

　一方では、絶対音感のような過度の離散的で固定的な訓練を警戒する学者もいます。神経科学者のキーナンによると、絶対音感を持つ音楽家の左脳が絶対音感のない音楽家よりも大きいのではなく、逆に相対的に右脳が小さくなっていること（右側頭平面の剪定）を示す研究結果が出たそうです。このことは音楽や音のような右脳による連続性や非定常性の知覚が損なわれることを意味しています。

2.2.2　合奏では相対音感の能力が必要

　音楽の演奏においては絶対音感がよいとはいえないことがあります。その一つは、合奏でハーモニーを合わせるときです。合奏においては自分の演奏するピッチが絶対正しいといい張るわけにはいかず、他の演奏者の出した音に調和させるという協調的技術が不可欠です。

　あるヴァイオリン弾きがA＝440Hzのチューニングで極度にトレーニングをされて育ってきたとすると、A＝442Hzのチューニングでヴァイオリンが弾けなくなるということが起こるそうです。だからといって、他の人が442Hzでラの音を演奏したとき、自分は440Hzのラでしか演奏できない！と強情なことをいっては合奏にならないのです。

　合奏をするには絶対音感ではなく**相対音感**が必要です。誰かが出した音に対してそれに調和するピッチで音を添えてあげるべきです。例えば、442Hzでクラリネットがラを吹いたとします。それに対してチェロがその1オクターブ下でラを弾くなら1/2の周波数の221Hzで弾けばきれいにオクターブで調和します。また、その

♪～663Hz

♪～442Hz

ラの音にヴァイオリンで完全5度のミを和音に重ねるなら、ヴァイオリンは442×1.5＝663Hzでミの音を提供しなければきれいなハーモニーができません。このように、ミュージシャンは相対音感も身につけて、瞬時にピッチを寄り添いあって美しいハーモニーを出せる能力が求められるのです。

2.2.3　ソリストはピッチを高く取る？

　オーケストラをバックに独奏者が技巧的で華々しい演奏をするために書かれた曲
を**協奏曲**（concerto、**コンチェルト**）と呼んでいます。伴奏に対して一人で弾く**独
奏者**（soloist、**ソリスト**）の音は、バックのオーケストラよりも目立っている必要
があります。そこで、バックに埋もれないようにするために、音量の他にピッチを
高めに演奏しているといわれています。しかし、単にピッチを高くするのでは、伴
奏のハーモニーに対して音程がずれるため、調子外れでただの音程が悪いだけの演
奏になってしまいます。

　実際に独奏者はピッチを少し高めに取っているのか、そしてどれほど高く音を取
っているのでしょうか。CDからの計測結果を表2-2に示します。ロシアからアメリ
カに移住した20世紀のヴァイオリンの名手ヤッシャ・ハイフェッツ（1901-1987）
が録音したブルッフのヴァイオリン協奏曲第1番 第2楽章の一部を解析した結果で
す。スペクトログラムを求めて、ソロのヴァイオリンと伴奏するオーケストラの和
音のそれぞれのピッチを比較したものです。解析した演奏音は、オーケストラをバ
ックに長く伸ばしている音（ロングトーン）で朗々と歌っている区間を選んでいます。

　実際の演奏はビブラートがかけられるので周波数にゆらぎがありますが、その周
波数ゆらぎの上下の範囲や平均値と照らし合わせると、ハイフェッツはバックのオ
ーケストラより少し高いピッチで演奏していることが分かります。なお、オーケス
トラのチューニングピッチは音源の和音から推定するとA＝440Hzでチューニング
されていると考えられ、表には440Hzを基準としたときの各音の理論値を載せて
います。

表2-2　ソリストとオーケストラの演奏ピッチの比較（Hz）

演奏者	音名	理論値（A＝440Hzの場合）	ビブラートを含むソリストのピッチ範囲（平均値）	伴奏のオーケストラのピッチ
ハイフェッツ	F6	1396.8	1399-1405（1402）	Db4=278.6, F4=348.6, Ab4=415.9 ⇓ この値からA＝440Hzでチューニングしたと考えられる
	B5	987.8	985-1012（998.5）	
	A5	880.0	882-892（887）	
	G5	784.0	784-796（790）	

2.2.4　オクターブ伸長現象

　オクターブは2倍もしくは1/2倍の周波数です。ところが、人間の耳はコンピュ

ータではないので、そうは正確には検知できないようです。オクターブの2つのピッチを同時に鳴らすと、うなりや響きを聞くことで、2つの音がぴったり2倍（もしくは1/2倍）の関係であるかそうでないかは分かります。しかし、順番に鳴らされたオクターブの2音は誤差を持って聞き取られます。例えば、大串の研究によると、440Hzのラに対してオクターブ上の音と感じるのはちょうど2倍ではなく少し高い周波数（＋3％以内）がオクターブと感じるそうです[4]。物理的なオクターブと心理的なオクターブに差があるという現象で、これをオクターブ伸長現象といっています（図2-14）。

　加齢による影響や個人差はありますが、この聴覚的な誤差は音楽家にとっては深刻な問題で、自分が正しいと思っている音が客観的には正しくないことになります[5]。例えば、ヴァイオリンのようにフレットがなくピッチを自分の指と耳でコントロールしなければいけない楽器ですと、高い音を弾くときに他の楽器や他の音にくらべ音程が高く／低くなってしまい、音程が悪いっ！と怒られてしまうわけです。

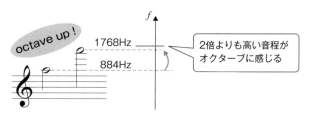

図2-14　オクターブ伸長現象

2.2.5　協和度曲線

　周波数の比がシンプルに2倍となるオクターブや1.5倍の完全五度はよく協和します。2つの異なるピッチの音が同時に鳴った場合、その和音の協和度は周波数の比に依存します。ドイツの物理学者ヘルマン・フォン・ヘルムホルツ（1821-1894）によると、2つの音からなる和音の不協和感の原因は、和音から感じられるうなりとざらつき感にあるとしています。人間の聴覚には**臨界帯域幅**というフィルタがあり、2つの音のピッチ差が臨界帯域幅以内だとうなりやざらつき感を感じます。臨界帯域幅以上の差があると2つの音のピッチは別のものとして感知されます。そして、このうなりやざらつき感は臨界帯域幅の1/4の周波数差で最大になるといわれます[6]。

　プロンプら（Plomp & Levelt, 1965）の実験および論文[7]によると純音の不協和度$D(x)$は次のように表せます。

$$D(x) = e^{-ax} - e^{-bx}$$

xは2つの周波数f_1とf_2の差、すなわち$x = f_2 - f_1$です。また、eはネイピア数（＝約2.718）であり、起伏の大きさを決めるある正の定数aとbを伴った指数関数の差で表されます。この関数の描く形をパソコンで計算すると、図2-15のグラフのようになります。2つの純音の不協和の度合いは黒の太線のように約半音ずれた場合（C#）に最も不協和感を感じ、その後は差が広がるにつれてざらつき感もなくなり、やがて2つの分離した音に感じられます。

　一般的に楽音は整数倍音を多く含みますので、楽音の不協和度はこの倍音成分を考慮する必要があります。つまり、例えばド（C4, 261.6Hz）とミ♭（E♭4, 311.1Hz）の楽音の不協和度は、2倍音まで考慮するのであれば、純音でのC4とE♭4の不協和度に加え、ドの2倍音C5（522.6Hz）とE♭4の不協和度、さらにC4とE♭5、C5とE♭5の計4つの組み合わせの不協和度を足し合わせたグラフになります。その足し合わせた結果は図の2倍音の線になります。図には、さらに3倍、4倍、6倍の各倍音まで考慮に入れて計算したグラフを載せておきました。

　この不協和度曲線の落ち込んでいるところは協和する周波数差を示しています。ドを基準にして協和度の高い音程は、同音とオクターブの他に、完全5度や完全4度であることが分かります。また、チューニング音のラは440Hzなのですが、この理論値によるとドを基準にしたときのきれいに調和する純正律の長六度のラは436Hz付近になり、約4Hzもずれていることになります。

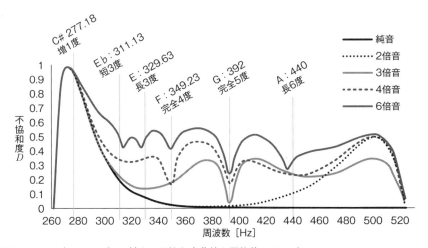

図2-15　ド（261.63H）に対する不協和度曲線と平均律によるピッチ

2.3　スペクトル解析とハーモニー、音色

2.3.1　音の成分分析

　音響研究で欠かせない分析手法の一つに**スペクトル解析**があります。スペクトル解析は音の成分分析のようなものです。観測された音波がどのような成分（周波数）で構成されていて、それぞれがどれほどの割合（パワー）で合成されているかが分かります。例えるならば、ラーメン屋の秘伝のスープのレシピが分かるようなもので、どんな

材料がどれくらいの配合で作られているかが分かってしまうような解析手法です（あったら便利ですね！　ラーメン屋の大将にとってはかなり困りますが…）。スペクトル解析は、音波を周期関数とみなしたときに三角関数の合成で表せるというフーリエ級数展開が元になっています。

　1つの周波数からできている音、つまり1つの三角関数で表せる音は**純音**といいます。一方、複数の周波数からなる音波、すなわち複数の三角関数の合成でできている音は**複合音**といいます（図2-16）。楽器や歌声など音楽を構成する音である**楽音**を含め私たちの身の回りの音のほとんどはこの複合音です。

　音波をスペクトル解析すると何がうれしいのかということですが、私たちの聞いている音楽のメロディやハーモニーがどんな音で構成されているかがコンピュータで解析できるようになります。また、楽器などの音色の特徴を調べるときにも使われる解析手法で、この章の後半で紹介する自動採譜などの技術に使われます。

　図2-16のようにスペクトル解析の結果は、周波数（Hz）を横軸に、そして音のパワー（dB）を縦軸を取って示します。純音の場合は1つの周波数からなる三角関数の波形ですので、該当する周波数にピークが現れ、1つだけピッと線が立つパワースペクトルのグラフが得られます（線スペクトルという）。また、複合音の場合、3つの周波数からなる和音であれば、パワースペクトルには3つのピークが見られます（離散スペクトル）。なお、ホワイトノイズ（白色雑音）と呼ばれるザ～という砂嵐のような雑音は、すべての周波数にパワーが分散されるので、特定の周波数にピークが現れることがありません（連続スペクトル）。

　楽音は、一般的に基音と倍音によるいくつかのピークとその他のノイズから成り

立ちます（図2-16下）。基音は基本周波数ともいわれ（F0と書く）、ピークの中で最も低い周波数で、私たちは楽音のピッチを知覚するときは基音の周波数を感じています。

楽音の音色は、基音と倍音群から成る調波構造や、ノイズなどの非調波成分が決めています。そして、発音や発音時のノイズにも影響されます。音のアタックとか立ち上がりと表現されている瞬間です。

ある楽音をスペクトル解析した場合、ノイズ成分が少なく澄んだ音に近いときは、基音と倍音の周波数にこの尖ったピークがはっきり見られます。一方、ノイズ成分が多い場合、このピークの周波数以外のパワーが増えるため、ピークがはっきりしなくなります。

さて、このスペクトル解析ですが簡単にパソコンやスマホのアプリで確認することができます。インターネットで検索するとスペクトル解析ができるフリーのソフトがいくつもありますが、パソコン用ではAudacityというソフトがお手ごろです（図2-17）。音を録音したり、録音した音を取り込んだりして、調べたい音波の領域を選択し、メニューから「解析」→「スペクトラム表示」と選ぶと簡単にスペクトル

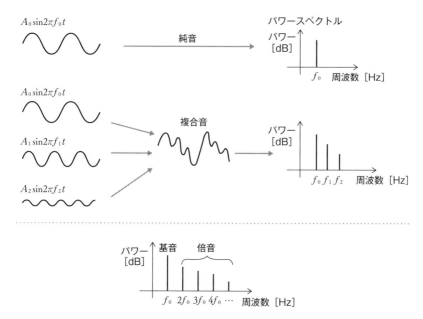

図2-16　スペクトル解析の意味と基音・倍音

解析のグラフが得られます。皆さんもぜひいろいろな音をソフトに取り込んで試してみてください。

　リコーダーを吹いたり、木琴を叩いたり、または水が入ったジュースのグラスをチーンと叩いたときのように、音の高さを感じるのは図のように基音＋倍音のピークが検出される音です。一方、紙をくしゃくしゃと丸めたときの音や、小川のせせらぎや水道の蛇口からの水音などは、基音や倍音のピークが見られずノイズであることが分かります。

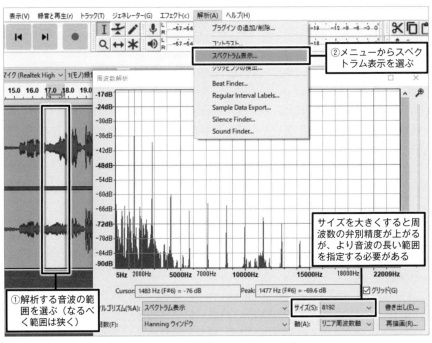

図2-17　Audacityによるスペクトラム表示（フルートのF#6音）

2.3.2　楽器音の音色

　弦楽器や管楽器などのパワースペクトルは、基音に近い低次倍音のパワーが大きいことが多く、高次の倍音になるにつれてパワーは小さくなる傾向にあります。このパワースペクトルに見られる倍音構造の違いが音色の違いに影響します[8]。例えば、フルートのように円筒形開管のパワースペクトルでは整数倍音が見られます。すなわち図2-17のようにF0 = 1483Hzでしたら、2倍音の2966Hz、その後3倍、4

倍…の倍音が観測されます。

　クラリネットは理論的にはリード側の片側が閉管のため奇数倍音が強く出ます[9]。実際のクラリネットは、リードの振動により片側の閉／開が繰り返される閉開円筒管ですので、偶数倍音がないわけではなく相対的に奇数倍音が強くなる傾向にあります。2枚リードのオーボエとファゴットは一瞬（約0.4msec）だけ2枚のリードの間が開き、あとは閉じているという片側閉管です。クラリネットとは異なり円すい管とみなされるため閉管でも整数倍音の共鳴をする管です。また、高次倍音を豊富に含むためあの独特の音色となっています。クラリネットとオーボエのパワースペクトルの例を図2-18に示しますが、吹く音量や音域などにより上述の傾向に変化が生じます。

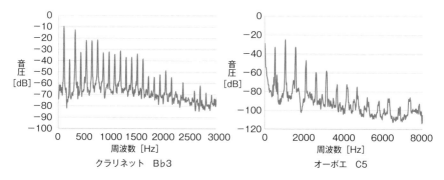

図2-18　クラリネット（左, B♭3）とオーボエ（右, C5）のパワースペクトル

　一方、琉球地方の撥弦楽器の三線は、倍音が支配的で基音のパワーは少ないことが分かっています[10]。でも、ちょっと気になることがあります。基音よりも倍音のパワーが大きいと、基音ではなく倍音のピッチで聞こえてきそうです。でも基音のピッチが聞こえるのはなぜでしょうか。それは、音波は重ね合わせの原理が働くため、倍音成分のパワー（振幅）の方が大きくても、周期の長い基音の周期的な起伏が合成波には残るからです。人間の耳はその一番振動の遅い周期に反応しているといえます。

　エレキギターのディストーションのように、アンプを通してわざと増幅すると高周波のパワーが大きくなり金属的な音色になります。このとき、パワースペクトルは、全体のパワーのバランスが高い周波数に寄ります。このようにスペクトルの重心が変わると音の鋭さや硬さ、明るさが変わります。

　さて、私たちが何気なく使う音色を表現する言葉について言及しておきます。例えば「暖かい音色」とか「優しい音色」のような表現をすることがありますが、先ほどのパワースペクトルなどで観察した場合、その音色がどういう状態を指すのかよく分かっていません。ただし、第1章でも触れたように、明るさや鋭さのように音響特徴量で示される表現もいくつかはあります。他にも、「オーケストラの豊かなサウンドが…」という表現も見かけますが、この音の豊かさはスペクトル解析では説明がついておらず、音響信号上の何がどういう値を取ると豊かという言葉に結びつくのか定量的・定性的な研究成果はありません。おそらく、味覚と同じように、いろいろな楽器の音が混ざっていて音色が複雑な様子から類推して豊かな音であるという表現につながったのでしょう。

　このように音の3要素の一つである音色については、科学的に説明ができないことがいろいろ残っているのです。

2.3.3　オペラ歌手とシンガーズ・フォルマント

　オーケストラをバックにマイクを持たずに歌うオペラ歌手。なぜ、大音量のオーケストラが相手でも歌声が観客に届くのでしょうか。声の大きさ（声量）だけではないようです。

　イタリアのオペラ歌手の歌唱法にベル・カント唱法というものがあります[11]。男性歌手には2-3kHzあたりにパワースペクトルのピーク（フォルマント）が形成される、シンガーズ・フォルマント（singer's formant）が観察されます。この分析にもスペクトル解析が役に立ちます。図2-19に示すように、まず、オーケストラの音域は様々な楽器の集合ですので低音から高音まで幅広い周波数帯をカバーします。しかし、クラシック音楽で使われる楽器は、低音から高音まで同じパワーを持っているかというとそうではなく、高音に向かってパワーが減少するという傾向があります（図2-18のクラリネットやオーボエの例も参照）。

　図2-19のように、2-3kHzの周波数帯ではオーケストラの音のパワーは低くなっていますが、一方、歌声はシンガーズ・フォルマントにより浮き上がるように耳に入ってくると考えられます。また、先述の図1-10の等ラウドネス曲線（1.4.2項）で示したように人間の聴覚の敏感な周波数領域に近いのは興味深いところです。

　図2-20はテノール歌手のスペクトログラムです。**スペクトログラム**とは、縦軸に周波数を取り、横軸方向にスペクトルの時間変化を連続して示したグラフです（図

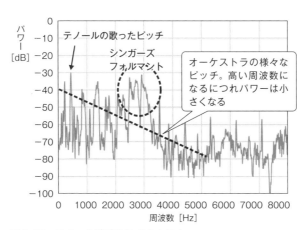

図2-19　テノール歌手のスペクトラム

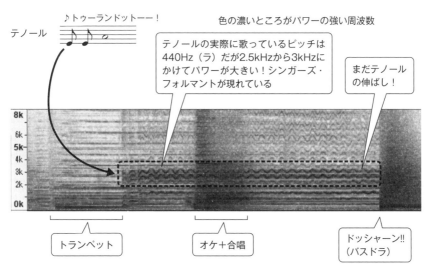

図2-20　オペラ歌手のシンガーズ・フォルマント（プッチーニ：オペラ『トゥーランドット』
　　　　第1幕の最後より）

の濃淡がパワーの強さを表し、黒い部分は音圧の高いところ）。曲はジャコモ・プ
ッチーニ（1858-1924）のオペラ『トゥーランドット』の第1幕最後の解析結果です。
残虐なトゥーランドット王女の謎解きにカラフ王子が決死の挑戦を宣言するシーン
で、オーケストラをバックに「トゥーランドット!!」と声を張り上げるところです。

実際に歌っているピッチはA4（440Hz）でグラフの下の方なのですが、このスペクトログラムを見てみるとテノール歌手の音域よりずっと上の2.5kHzから3kHzにかけてはっきりとしたパワーが見えています。なお、その前のトランペットも大音量で吹いているのですが、こちらはシンガーズ・フォルマントの周波数帯に強いパワーは見られません。テノール歌手特有の周波数特性といえます。

　パワースペクトルの概形をスペクトル包絡といいますが、**フォルマント**はそのスペクトル包絡において局所的に出てくる山のピークを指しています。フォルマントは周波数の低い方から順に第1フォルマント、第2フォルマント…と数えます。このピークの出方は声を発するときの喉から口・鼻にかけての声道の共鳴特性を示します。特に、第1フォルマントと第2フォルマントについては、その現れる周波数の差を利用して、音声認識における母音の判定に使われています。例えば、一般的に日本人の発音する「あ」と「い」では、この第1-第2フォルマントの間隔が違う傾向があり、ピッチには個人差があるものの、基本的に「あ」よりも「い」の方が第1フォルマント周波数が低く、第2フォルマントは高く、すなわち間隔が広くなる傾向にあります。

　さて、シンガーズ・フォルマントの出現に関しては、母音にはよらないので通常の声道の形状によるフォルマントではなく、咽頭管の共鳴モードであるという研究報告もあります（Sundberg, 1974）[12]。このシンガーズ・フォルマントは男性歌手にあるもので、ソプラノなど女性のオペラ歌手では用いられないようです（女性にもシンガーズ・フォルマントがあるという説もあります）。女性の方が声の音域が高く、そもそもこの周波数帯のパワーが大きいため甲高い耳ざわりな声になってしまうとのことです。代わりにソプラノ歌手が用いるテクニックはフォルマント・チューニングと呼ばれるもので、第1フォルマントの周波数を基音や第2倍音のピッチに合わせることで、基音が強調され明瞭度と声量がアップするというものです。

2.4　和音の基礎

　ここからは音楽理論として和音と和声の基礎について説明していきます。

2.4.1 三和音

　和音とは、2つ以上の異なるピッチの音を同時に鳴らした音です。音を3つ重ね
た音を**三和音（トライアド）**といいます。図2-21に示すように調（キー）にある
音で構成された和音をダイアトニックコードといいます。和音の一番下の音を**根音
（ルート音）**といいますが、この上に3度ずつ音を重ねて、第3音と第5音で構成さ
れるのが基本型です。この中で明るい響きをする和音を**長和音（メジャーコード）**、
暗い響きをする和音を**短和音（マイナーコード）**といいます。

　ドが根音の長和音は記号でCと書き、シーメジャーと読みます。また、その隣り
のレを根音にした和音では、レとファが短3度ですので短和音になり、記号はDm
と小文字のmを添えてディーマイナーと読みます。最後のシの上にできる三和音
はちょっと変わっていて、短3度が2つ重なってできています。そのために、5度
の音が半音低くなるのでコードネームに♭5を付けます。これを**減三和音（ディミ
ニッシュコード）**といい記号はBdimとも書きます。

　和音における**音度**は、図2-21の楽譜下にあるように、Ⅰは主音上の三和音、す
なわち主和音を指します。次いで、Ⅱは2度上の三和音…のように記述します。音
程のときとは異なり、和音の番号はⅠからⅦまでの値です。

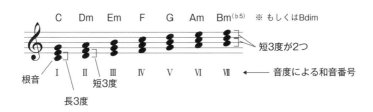

図2-21　ダイアトニックコードと和音番号

2.4.2 七の和音と九の和音

　ダイアトニックコードにさらに3度上の音である第7音を加え四和音にしたもの
を**七の和音（セブンスコード）**といいます。7度の音程が加わるといずれも不協和
音になり、この不協和音程は解決されて安定した主和音に進もうとする心理的なエ
ネルギーを持ちます。

　9度の音程を重ねると**九の和音**になります。さらに、11度や13度の音程を重ね
ることもありますが、これらはジャズやポップスなどで使われます。これらの和音

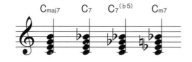 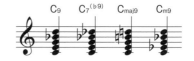

図2-22 七の和音と九の和音

はテンションコードと呼ばれます。

図2-22の中で特にC₇は**属七の和音**（V₇）、C₉は**属九の和音**（V₉）と呼ばれ、ク
ラシック音楽の機能和声ではよく使われます。また、九の和音のうちC₇^(b9)の根音
を除いた和音は**減七の和音**と呼ばれディミニッシュコードとなり、これもよく用い
られます。

2.5 和声の基礎

　和音の基本形を知っていただいたところで、次に和声の基礎について説明します。
和声とは、和音の構成と機能の定義、および和音を構成する声部のつなぎ方、と考
えるとよいでしょう。ハーモニーの垂直方向である和音構成や水平方向である和音
進行（コード・プログレッション）、そして各声部の音の推移を含みます。また、
和声は時代や作曲家によってルールは変化し、一般的によく学習されるのは18世
紀から19世紀のクラシック音楽の和声で、特にこれは機能和声と呼ばれています。
以降、本節では機能和声について説明していきます。

※　バロック時代以前からワーグナーやヒンデミットまで、各時代の和声の変遷についてはモッテの『大作曲
　　家の和声』にまとめられていますので詳しく知りたい方はご参照ください[13]。
※　本節以降、お手元にピアノとかギターがあったら実際に音を出して試してください。もしなければスマホ
　　のピアノアプリでご確認いただけるとより理解が進むと思います。

2.5.1　不協和音を聞くと協和音を聞きたくなる

　まず、説明を簡単にするために2音だけからなる和声を扱います。図2-23にハ長
調（Cメジャー）で3つの和音列を用意しました。最初と最後は長3度の協和音です。
2つ目は、シの上にファがありますが、これは減5度ですので不協和音です（ファ
がファ#なら完全5度です）。

図2-23 不協和音は協和音へ進みたくなる!

　最初のⅠの和音（**主和音**）を聞いた後に、2つ目の和音を聞くとこの不協和音はまた主和音に戻ろうとする感じを与えます。というのも、まず主和音のドのピッチが脳に記憶されている間において、ドに対して半音音程のシは不協和度の強い音程です。そして、シとファの音程が減5度という不協和音程のため、2つ目の和音Ⅴ₇は何とも居心地の悪い和音となり耳にストレスとなります。ちなみに、このシやファは半音隣りの音に進もうとする音で、それぞれ導音、限定進行音と呼ばれます。

　ストレスといえば、皆さんも職場などでストレスを感じると、おうちに帰ってお風呂でも入って部屋でゴロンと横になってリラックスしたくなりますよね（家に帰るとストレスの人は逆かもしれませんが…）。人情的にストレスからは解放されたいもの! 音楽でも一緒です。不協和音は長く聞いていられません。そこで、図2-23の不協和音を聞いたら、次は協和音である主和音を聞いて安心感を得ようという気分になるのです。

　このⅤは、主和音に対する従属性から**属和音**といいます。クラシック音楽のルールである楽典では、曲の終わりは主和音になることが決められていて、属和音で終わることはありません。もし、属和音で曲を終わりにしてしまうと、「えっ! 今ので終わり?!」とお客さんはびっくりしてしまうはずです。ただし、ジャズなどでは主和音だけでなくテンションコードを使って浮遊感やお洒落感を出すことがあります。

　このように、和音に不協和音から協和音へ遷移する機能を持たせることで、音楽に先に進もうとする流れと構造が形成されます。以上の原理に基づいた手法を**機能和声**といいます。

2.5.2 機能和声とカデンツ

　機能和声において、和音には次のような3つの機能があります。

・主和音：トニック（T）

・属和音：ドミナント（D）

・下属和音：サブドミナント（S）

曲中の各和音には、これらの3つのいずれかの機能が割り振られます。

主和音（I）は**トニック**と呼ばれ記号でTと書きます。曲の調がハ長調（Cメジャー）であれば、その曲ないしフレーズはドーミーソのIで始まり、かつIで終わるのが基本です。ニ長調であればIはレーファ#－ラとなります[1]。

次に属和音の**ドミナント**（D）は、主和音に向かおうとする（従属する）和音を指します。具体的には主和音の5度上の和音（V）ですが、図2-24のハ長調の例でしたらソーシーレの和音です。Vのソーシーレの和音は単独では調和する和音ですが、先述のように主和音ドーミーソのドに対してシが不協和音にあたるので、主和音に戻ろうとする機能を持ちます。なお、ハ短調ではシ♭を半音上げてシ♮にします。

3つ目の、下属和音の**サブドミナント**（S）は、ドミナントに向かおうとする和音で、具体的にはII（レーファーラ）やIV（ファーラード）の和音です。ただし、IVの和音は、IIに進めますが直接Iにも進むことのできる和音です。IIの和音はドミナントに進みます。

これらの和音は好き勝手に配置してよいかというと、そうではなく、クラシック音楽の和声では図2-24のような決まりがあります。

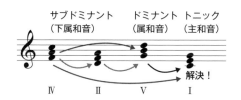

図2-24　トニック、ドミナント、サブドミナントの関係

図2-24の和音の連結のルールを**カデンツ**といい、3つの基本形があります。

・第1型：T⇒D⇒T　　　（I⇒V⇒I）

・第2型：T⇒S⇒D⇒T　（I⇒IV/II⇒V⇒I）

・第3型：T⇒S⇒T　　　（I⇒IV⇒I）

図2-25にハ長調のカデンツの例を記します。第2型においてSはIIとIVを取れますが、第3型のSではIVしか使えないルールになっています。

※1 VIやIIIもトニックに含まれますが、現段階では説明を簡単にするため省きます。他にもVIIはドミナントの役割があり、IIIは経過的・代理的に用いられることがあります。

※どちらか、もしくはⅣ→Ⅱの順

図2-25　和声の基本形、3つのカデンツ

2.5.3　転回形で和声進行を滑らかに

　先ほどの図2-25の和音の並びを見てみると、音符が上下にぴょこぴょこしていますね。あまり滑らかな和声進行ではありません。音の進行に**跳躍**があるので、なんかどことなくギクシャクして聞こえます。クラシック音楽の和声では音のつながりが滑らか、すなわち音階的に遷移する**順次進行**であることを良しとします。和声の文字には「声」がありますね。ヨーロッパの音楽はもともと中世の教会で聖歌として歌われることから始まり、やがて各パートがハーモニーを形成しながら歌うように発達した歴史があります。ハーモニーを構成する声部については、ソプラノ、アルト、テノール、バスの4声部が代表的な構成です。各声部はバスを除きあまり音が跳躍しないよう、なるべく音階的に順次進行で作曲されます。そして、各声部は独立して進行していきます（第4章の対位法も参照）。

　そこで、各声部の進行を滑らかに改良した図2-26を見てください。かなり改善されて流れるように聞こえると思います。このように和音の構成音の上下を入れ替えることを**転回**といいますが、和音の転回形を使うことで和声進行をスムーズにできます。図2-27にバス声部まで加えた4声の例を示しますが、転回形では和音番号の右上に小さい数字を付けます[※2]。V^1は5度の**第1転回形**といわれ、根音のソが1番

図2-26　和声の転回形と滑らかな和音進行

※2 この表記法は『和声―理論と実習』（音楽之友社）[14]による日本独自のものです。他に和音の記号としては、バロック期の通奏低音のための数字付き低音やフランス式、ドイツ式などがあります。

上に移動（転回）されています。最低音と根音が6度になるので**六の和音**ともいいます。IV^{2}は根音と第3音を上にぐるっと持っていった**第2転回形**です。こちらは最低音に対して4度と6度の和音になるので**四六の和音**ともいいます。ただし、第2転回形は図2-27のように定型が決まっていてそれ以外で使われることはありません。

図2-27 転回形と第2転回形の定型（2転はⅠⅣⅤで限定的に使われる）

また、展開形にすることで順次進行による和音の解決感も強くなっています。図2-26にあるように、線を引いたDのシはドに必ずつなげる音で**導音**といわれます。このシ→ドは重要な音のつなぎ方です。そして、第2型のV$_7$は属七の和音といわれ、シ→ドへの連結だけでなく、ファ→ミという**限定進行**という重要なつなぎ方も含まれ、強い終止感が生まれます。これらの導音や限定進行音の連結は、いくつかの例外を除き守られ、原則他の音への進行はしません。

2.5.4 終止形のバリエーション

　基本的に曲の終わりや楽節の区切りは、日本語の句読点のように**終止形**という和声の定型を置かなければいけません（図2-28）。

　Ⅴ→Ⅰの終わりは全終止といいます。曲や楽節のはっきりとした終わりを示します。半終止は、Ⅴで途切れるので曲の終わりにはなれず、一息つく感じで曲の途中で使われます。文章の「、」のようなイメージです。また、偽終止は、全終止と思わせておいてⅤの次にⅥの和音を置く方法で、これも曲の途中で使われ、この後に全終止のカデンツを伴います。

　そして、第3型のⅣ→Ⅰの終止形は変格終止（アーメン終止、プラガル終止）といわれ、讃美歌の最後に「アーメン」と歌うときのコード進行です。なお、アーメン（amen）とは「まことに」「確かに」という意味で、「主（イエス・キリスト）のおっしゃる通りです」のような賛同や「そうありますように」と祈りを示す意味

です。全終止のあとに付加的に続けられる場合が多いです（お手元にピアノなど楽器があれば図の終止形を実際に弾いて感じをつかんでみてください）。

※上記の終止形で使われる和音進行は、曲や楽節の終わりでないところでも使われる。音楽的な句読点を意味するときが終止形であって、上記の和声進行自体が終止形を意味するわけではない

図2-28　終止の例

2.5.5　4声の和音配置と重複

　和声の学習では、基本は4つの声部（4パート）で和音進行を考えます。上からソプラノ、アルト、テノール、バスの4声部からなる混声合唱の形式です。そのため、三和音を4声に配分するときには、4声部のうち2つの声部に同じ音名を配置することになります（**重複**といいます）。

　図2-29のように、標準的な配置では根音を2つの声部に配置します。次に第5音を重ねることが多く、第3音は基本的に重ねませんが和声のルールから必然となる場合は重複可能です。第3音の重複に関するルールの一例として、Ⅴでは導音が重複になるため禁じられていますが、Ⅱの第1転回形では第3音の重複は良しとされています。

図2-29　4声の配置の例

　和音内の配置の間隔ですが、図2-29の左側に開離配置と密集配置の例を示しています。開離配置は構成音を1つ飛ばし、またはそれ以上離して置いたもので、ソ

プラノからテノールが1オクターブより広くなります。密集配置は構成音を声部間で飛ばさずに置いた配置で1オクターブより狭くなります。ソプラノからテノールがちょうど1オクターブになるときはオクターブ配置といいます。

　和声の進行上必ずしも構成音がすべて使われない場合もあります。例えば、七の和音や九の和音では第5音を省略することができます。また、属九の和音では根音が省略されることもよくあります。また、和声の進行上おのずと省略系になるときもあり、図の最も右の$V_7 \to I$のテノールは、無理に跳躍させて下のソにせず順次進行レ→ドとしています。また、上のソにするとアルトのミより高くなります。基本は声部を逆転することはしません。ソプラノとアルトの限定進行は変えられませんので結果としてソがない配置になります。

　これらの例のような配置を**標準外配置**といっていますが、いくつかの場合に限り許容されます。省略できる音は第5音で、第3音は和音の性質を決める重要な音ですので省略されることはありません。

2.5.6　和音の連結のバリエーション

　不協和音という緊張感のある和音を聞くと安定した協和音を聞きたくなるという心理が働くと先に述べました。この作用を利用して、音楽に、緊張→開放→緊張→開放…のように動きと流れを作るのが機能和声の役割です。

　機能和声が生まれ発展してきたのはバロック期からロマン派の時代です。それ以前の中世の音楽は、この緊張→開放という韻律的な抑揚はなく、曲の経過はいたって美しく平穏で散文的な音楽でした。ところが、ロマン派を過ぎて20世紀になると、今度はせっかく完成した機能和声からの脱却が始まり、新たな和声と作曲の手法が作られるようになりました。その例として、どの音も等価な全音音階による音楽をドビュッシーが導入し、そしてシェーンベルクの十二音技法やジョン・ケージの確率的作曲などがそうです。このように20世紀以降の芸術音楽の作曲家の多くは、機能和声とは異なる音楽生成システムを生み出そうとしてきました。

　さて、話を和音の連結に戻しましょう（ここから、音楽を研究したり演奏したりする人向けに少し専門的な内容になります。そこまで詳しいのはいいや、という方は2.6節まで飛ばしても構いません）。

　カデンツにおける和音連結の関係を図にすると図2-30のようになります。太い矢印はグループごとの進行を指していて、細い矢印は個別の和音の可能な進行を示

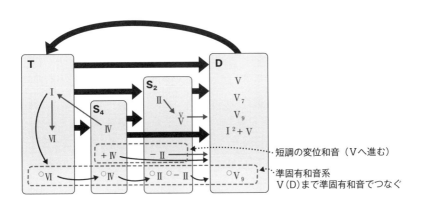

図2-30　カデンツにおける和音の進行ルール

しています。

　トニックのⅠから出発するときは多くの和音に進むことができます。ところが、ドミナントとサブドミナントはいろいろ制限があります。

　まず、ドミナントのバリエーションについていくつか見てみましょう（図2-31）。以降、ハ長調で説明しますが、先述のようにソーシーレーファのいわゆる属七の和音ではシとファの不協和音程があり、それぞれシ→ド、ファ→ミに進行します。

　そして、さらに属七の和音に5つ目の音を重ねてみましょう。ファの短3度上、すなわち短9度のラ♭です。属九の和音の9度を半音下げた短9度ですが、このラ♭がソに向かう半音進行のため、さらに強く解決感が増します。この和音の根音のソを除くことが可能で、これは**減七の和音（ディミニッシュコード）**とも呼ばれま

※第5音は省略できる。短9度は単独では不協和音だが和音ではよく使われる。ただし、根音とはオクターブより上に離れて配置しなければいけない

図2-31　ドミナントにおける導音と限定進行

す。この減七の和音はオクターブをちょうど4等分した音程（半音3つ）で和音が
構成されています。

　次に、サブドミナントについて、詳しく見ていきましょう。サブドミナントには
いくつかの個性的な和音があります。和声進行に変化を与え印象的にする効果があ
ります。

　ⅣはⅠに戻れます（カデンツの第3型）。また、Ⅱにも進め、直接ドミナントⅤ
にも進めます。＋Ⅳは、短調で使われる和音で、通常の短調のⅣは短和音ですが、
第3音を半音高くして長和音にしたものです（図2-32）。つまり、ハ短調でしたら
ファ−ラ♭−ドがファ−ラ♮−ドになります。この和音は**ドリアの和音**とも呼ばれ
ます。この和音の次には必ずⅤの和音に接続します。ラ♭からラに上方に半音変化
（**変位**という）したため、さらに上に解決しようという力が働きます。

　一方、°Ⅳは長調で使われる和音で、ドリアの和音とは逆に第3音ラのナチュラ
ルを♭にしたものでファ−ラ♭−ドになります。この○付き和音は**準固有和音**と呼
ばれます。同じ主音の短調（同主短調）の調号で構成される和音に変化したもので
す。つまりハ長調の準固有和音なら、ハ短調の調号になりミとラとシに♭がつきま
す。先ほどの短9度の°Ⅴ₉も準固有和音です。準固有和音のあとに続く和音はドミ
ナントのⅤ度和音にたどり着くまでずっと準固有和音にしなければいけません。一
度、準固有和音にしたら途中で**固有和音**（元のハ長調での和音）であるⅡなどには
進めません。

図2-32　ドリアの和音とⅣの準固有和音　（表記上バスパートを除いた）

　次に、Ⅱのバリエーションについてです。Ⅱの和音はⅤに進みます。ⅡからⅤへ
は、ドミナント和音の解決ほどの強い限定進行音がないので比較的平穏な和音の移
り変わりです。ここでⅡの第3音ファをファ#に上方変位してみましょう。すると、

この和音はどうしてもⅤに進みたくなるような和音に聞こえてくるのです。それは、ファ#が半音上のⅤの根音ソの導音の役割になるからです。これを、ドミナントのドミナントということで**ドッペル・ドミナント**といいます（5度調の5度ですので$\overset{\vee}{V}$と書きます、図2-23）。

半音上に変位

Gメジャーのドミナントとして
ファ♯はソへ解決するように聞こえる

$\overset{\vee}{V}$
（G：Ⅴ）　　Ⅴ調（5度調）の5度

図2-33　ドッペル・ドミナント

　短調においてⅡの根音レをレ♭に**変位**した和音があります（図2-34）。記号ではマイナスを付けて、−Ⅱと書きます。また、長調においては同じ和音は準固有和音に相当するので、°−Ⅱと書きます。第1転回形にして使われることが多く、**ナポリの六の和音**と呼ばれⅤに進みます。レ♭は下行するのが原則で半音上のレには進みません。

　ⅡとⅣでも7度を重ねた和音が作れます。それぞれⅡ7とⅣ7ですが、これらの第7音は、前の和音から音を伸ばしてくる**予備**という和音の連結が必要です。すなわち前の和音に第7音と同じ音がなくてはならないので、前の和音に制限がかかります。さらに後続の音は下行する必要があります。

ナポリの
六の和音

第7音は前の和音に予備が必要でかつ2度下行する

Ⅰ　−Ⅱ¹　Ⅴ7　Ⅰ　　Ⅰ　Ⅱ7　Ⅴ　Ⅰ　　Ⅰ　Ⅳ7　Ⅴ⁹₁　Ⅰ

図2-34　ナポリの六の和音とサブドミナントにおける第7音の予備の例

　最後にⅤの**上方変位音**について触れます（図2-35）。Ⅴの第5音のレを上方に半音変位させます（$\overset{\vee}{V}^1$と記す）。そうするとこのレ#はソに対して増5度の**オーギュメントコード**（Gaug）と呼ばれ、半音上のミに解決しようとします。上方変位音

図2-35　上方変位と増音程

はさらに上に半音上がる限定進行になり和音の進行感をより強くします。

　同様にⅠの第5音を半音上げて、Í→Ⅳといった進行もあります。

　以上のような和音の間をつなぐ半音の動きを**半音進行**といいます。半音進行は同じ声部で行うことが原則です。図2-35のレ♯→ミがソプラノのパートで歌うのであればよいですが、ミをソプラノの代わりにアルトなど他の声部につなぐことはできません（他の声部に半音進行することは**対斜**といわれ禁則です）。

　以上のように、半音進行は次の和音へ進む感覚をうながす原動力となります。この心理的作用を利用したのがワーグナーという作曲家です。つぎつぎと半音進行で和音を移り変えていく手法で、非常にロマンティックで官能的な曲を書くことに成功しました。

2.5.7　和声の禁則

　クラシック音楽はここまで示してきたような原則（公理）から成り立っています。そして、その原則に合わない**禁則**といわれる和音の連結や音程の禁止事項があります。数多くあるのですがここでは代表的なものを記しておきます。

①和音の構成音について

- 第3音を省略してはいけない。
- 根音はV_7やV_9以外では省略できない。
- 限定進行音を重複してはいけない。導音や第7音は4声では1声だけにするのが原則。
- 減3度（短3度より半音狭い）を和音に含めてはいけない（例：ファ♯の上にラ♭を置くのは×）。

②和音の連結について

連続や陰伏（並達）は声部の独立性が損なわれるので不可となり、また、対斜は和声進行が不自然であることから原則不可です。

- 連続1度と連続8度：2つの声部が同じ上（下）方向に同音で、またはオクターブで進行すること。
- 連続完全5度：同じ上（下）方向に完全5度で進行すること（ただし後続和音が減5度ならよい）。
- 陰伏1度：同じ上（下）方向に進行し同音に進行すること。
- 陰伏8度または5度：外声において同じ上（下）方向に進行しオクターブまたは完全5度に進行すること。ソプラノが跳躍するときは不可だが順次進行なら可。
- 第2転回形におけるテノールとバスによる低音4度（予備があればよい）。
- 対斜：前後の和音で半音進行があるとき、別々の声部においてはいけない（半音進行は同じ声部で行うこと）。ただし、減7の和音では許される。
- 増2度の進行（例：ハ短調でⅡのラ♭→Ⅴのシ）。

以上に挙げた概要は一部でして、他にも細かい禁止事項があります。さらに詳しくは参考文献に挙げた和声の教科書をご覧ください。

2.5.8 装飾音と非和声音

旋律を**和声音**だけからなる音で書けば、調和の取れた聞きなじみのある音楽にはなるのですが、それだけでは何か物足りなさや武骨さ、単純さが否めません。より滑らかに流れる旋律を作り、装飾音で音に飾りつけをするには、非和声音を活用することになります。**非和声音**は、和声で決められた和音の構成音以外の音のことです。

図2-36に例を示しますが、**経過音**は和声音の間を滑らかにつなぐもので、上から下、もしくは下から上へつなぐ音です。ドミソの和音でしたら、音階的に旋律線を作るとレとファが経過音になります。**刺繍音**は、図のように和声音ソに対して上の音であるラが挿入されたらまた下がり元のソに戻ります。また、上のラと下のファ#の両方に動いて元の和声音に戻るような音型もあります。どちらの場合も非和声音の前後は隣りの音（2度の音程）への移動でないといけません。隣りの音に進

む順次進行で装飾するのが原則で、2度より離れた音程は刺繍音とはいいません。

　次に、**係留音**は、先行する音がタイ（⌒）で伸ばされたために残った非和声音です。**倚音**は、拍頭に非和声音があり、拍間で和声音に進みます。先行音のない係留音ともいえます。倚音になれるのは和声音に2度の関係で戻れる音に限ります。**先取音**は、名前の通りある次の拍の和声音が前に前打音として演奏される音です。**逸音**は、隣り合う音へ進み次の和声音に跳躍して進む場合を指します。

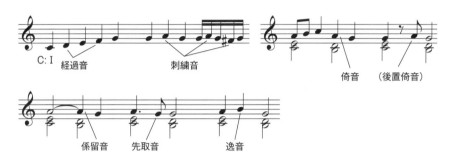

図2-36　非和声音の例

2.6　協和音がきれいと感じるかどうかも教育次第?!

　子どもの頃、学校の音楽の授業で、起立してお辞儀をするときに鳴っていたピアノ伴奏を覚えていますでしょうか。最初にドミソの和音がポロン♩。その後にソシレの和音があって、また元のドミソの音に戻っていたはずです。先ほどの第1型のカデンツで、コードで書けばC－G－Cです。

　だから、だいたいの人はC－Gと和音進行を聞くと、元のドミソの和音Cを期待します。でも、「いや、まったくそう思わない！」という人も中にはいるかと思います。この個人差はどこから来るのでしょうか。私たちの初等音楽教育の賜物というか弊害というかは分かれるところですが、西洋音楽中心の教育による刷り込みが働いているといえます。

　以前、まだ2歳くらいの幼児たちにピアノでいろいろな和音を聞かせてみました。すると、協和音と不協和音どちらの組み合わせについても「キレイ！」と答えました。おそらくまだ和音の協和／不協和の知覚よりも単にピアノの音色を聞いて「キレイだなー」と感じているだけのようです。

　第1章で私たちが普段聞いている音楽は、西洋のクラシック音楽のルールである機能和声に則って作られているという話をしました。しかし、西洋クラシック音楽をほとんど聞かない人はその機能和声というルールをどのように知覚しているのでしょうか。

　おそらくピアノやギター、合唱などを学んできた人や、そういった楽器のサークルをやっている人は、この機能和声のルール通りの和音進行をしていると正しく心地よく聞こえ、一方、ほとんど音楽を聞かない人や楽器を習ったりしなかった人（音楽の授業が嫌いでよくサボっていた人とか！）は、和声のルールから外れた音楽を聞いても特に不快に聞こえたりはしないことが予測されます。

　筆者は先日、とある学生たち（約200人）に対して和音進行の自然さと音楽経験の関連についての実験をしてみました。次の図2-37にある和音進行（A）と（B）のように、和声の定型からすると正しい／正しくない和音進行を聞き比べてもらい、自然さの評価アンケートに答えてもらいました。

図2-37　実験！　和声に則った和音進行とそうでない進行を聞き比べる

　予想としては、ピアノを習っていたり合唱団に入っていたりする人は（A）が自然で（B）は不自然と答え、一方、特に習い事などの経験のない人は区別がつかない、という答えが期待できます。

　結果は、（A）を自然と答えた人は楽器や合唱の学習経験の有無にかかわらず約90%でしたが、（B）については、不自然と答えた人の割合は、学習経験がある人は81%で、ない人は65%でした。

　（B）に不自然を感じないということについてですが、学習経験がある人でも19%（学習経験がない人でも35%）が自然もしくは普通と答えたことから、これには日常的に聞いている多様化した音楽の影響が考えられるのではないでしょうか。和声は17世紀のバロック期のヨーロッパで確立した理論で、もちろん今のロック

やJ-POPもこの理論の延長にあります（ポピュラー和声）。しかし、その和音進行
は多様化しており、カデンツの定型にしばられることなく、いろいろな和音進行が
使われていて、私たちはその多様な和音進行に慣れています。そのため、特に（B）
に対しても不自然さを感じなくなっているのかもしれません。

　なお、この図2-37の実験と同時に、和音列の3番目を不協和音にした場合は、た
いていの人が不自然と回答しました。不協和度は2.2.5項でも説明したように生理
的な反応ですので、和声のように学習による感覚とは異なることがうかがえます。

2.7 　和声のコンピュータ処理

2.7.1　自動採譜

　コンピュータで生演奏を自動的に譜面に書き起こすことができるといろいろ便利
なことがあります。音楽をコンピュータや情報学などの視点から研究する音楽情報
科学という分野では、この技術を自動採譜といっています[15]。例えば、ジャズの
即興演奏を譜面に残したいという要望があります。ジャズ界の巨匠がどうアドリブ
をしたかを譜面に記録できると、後進のミュージシャンや作曲家にとっては大変有
意義な資料になります。特にジャズ・ピアノの場合、テンションコードによる多彩
な和音や速いパッセージなどは耳コピが難しく、自動採譜の技術ができるとかなり
有効です。ビル・エヴァンスやセロニアス・モンクがどうアドリブを弾いたのかが
データ化されると、ジャズ音楽の研究の観点からもとても興味深いものです。「そ
んなの、横着せず耳コピしろよ！」と、お叱りになるかもしれませんが、科学者は
めんどくさがりで楽することを考えるのが好きな生き物なのです！　だから、つい
コンピュータでアドリブ演奏を自動で楽譜に書き出してくれたら楽しいなぁ、と考
えてしまうのです。

　さて、自動採譜の処理の大まかな流れですが、コンピュータで何の音が演奏され
たかを検出するには、まず録音された音波から時間軸上の音の区切りを見つけ、拍
やリズムを検出できなければいけません。次いで、音波を短い時間区間（フレーム）
に区切って、各区間にてスペクトル解析で基音やハーモニーを検出します。さらに
楽器のパート分けを行い、最後に抽出された音符情報を元に楽譜化するという処理
工程になります（図2-38）[16]。

　拍とリズムの検出の方法については、直感的には音波の音圧変化を元に推定でき

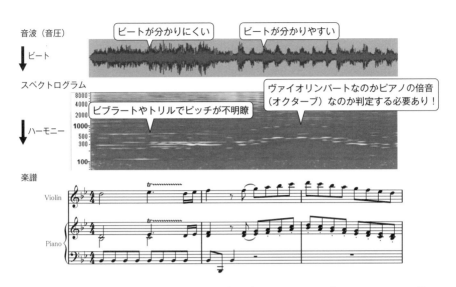

音波（音圧）

ビートが分かりにくい　　ビートが分かりやすい

↓ビート

スペクトログラム

ヴァイオリンパートなのかピアノの倍音
（オクターブ）なのか判定する必要あり！

ビブラートやトリルでピッチが不明瞭

↓ハーモニー

楽譜

Violin

Piano

図2-38　音楽の音響信号からの自動採譜の概念図（モーツァルト：ヴァイオリンソナタ第40
　　　　番より）

そうな気がしますね。時間軸に沿って前から順に音圧を観測していき、強いアタックがあればそのタイミングを拍と識別できそうです。しかし、ポップスやロックのようにドラムが入っていれば比較的ビートの検出はしやすいですが、クラシック音楽ではその音圧差が分かりにくいことがあります（図2-38の前半部分のように）。この場合はピッチの変化と併せて検出することになります。ここで最も難しいのは拍節構造を判定することです。つまり、仮に音の発音タイミングがすべて得られたとしても、最初の発音を1拍目としたとき、次の音楽上の2拍目はいつなのかはコンピュータでは判断が難しいのです。音符2つが検出できたとしてもその間隔が4分音符なのか8分音符なのか、はたまた全音符なのかの判定は容易ではありません。テンポによって2音間の時間が何音符（音価）に相当するのかが変わってしまうからです。さらに、音楽は4ビートだけではなく、ワルツのような3拍子もあり、2拍のマーチもあります。このようにコンピュータが自分で拍子を判断するのが難しい場合は、あらかじめこの曲は4拍子でテンポはいくつだ、というようにいくらかの前提条件を与えてから解析を実行することも考えなくてはいけません。でも、クラシック音楽ではいつもテンポが同じとは限らず、リタルダンドやアッチェレランドのようにテンポが遅くなったり速くなったりします。

次に、ピッチについては、スペクトル解析のところでも紹介しました基音の検出という作業が必要です（F0推定という）。基音が楽器音や歌声の演奏音のピッチとなりますが、単純に考えられる手法として、録音された音源の先頭から順に短い時間区間（フレームという）で区切って離散フーリエ解析を行い、各フレームの基音を求めていくことが考えられます。しかし、ここでいくつかの問題点があります。

- 和音や複数楽器の場合は、上部和声音の基音の検出が難しい（下の声部の倍音に隠れてしまう）。また、2つの声部・楽器が同じ音を弾くユニゾンの検出が難しい。
- フーリエ解析の特性として周波数の分解能とそれに必要なフレーム長はトレードオフにある。よって速いパッセージや短い音は検出できないことがある。
- ビブラートやグリッサンドといった音のゆらぎをどう処理するか。

などなど、実際の音波からの音高の抽出には多くの課題があります。この音波から音符に変換する処理は、近年身近になってきた音声認識のような音声言語処理に類似した点が多く見られます。例えば、自動採譜は人がしゃべった音声を文字列や文章に書き起こす作業に似ていて、その観点からこれまでにも音声言語処理の技術の応用による研究が多く試みられています[17]。

さて、無事に音波から音高とタイミング、音価、音量などが音符のデータとして抽出できたとしましょう。しかし、音符の羅列を楽譜にする作業においても様々な課題があります。正しく楽譜に書き起こすには、ピアノであれば右手／左手（上段／下段）の書き分けもありますし、他にも調号、強弱記号、符尾の連接、タイの表記などなど記譜上の課題があります。

ただし、音波から抽出した音符のデータをMIDIデータ（スタンダードMIDIファイル）として記録できたら、あとは市販の楽譜作成ソフトに記譜の問題は任せるという手もあります。MIDI（musical instrument digital interface、ミディ）は電子楽器の接続に関する世界標準の規格で、最近は演奏データの記述・記録としてもよく利用されています。楽音のタイミング、音高、長さ、強さ、楽器を共通のフォーマット（記述ルール）で記述することで、規格に準じた電子機器やパソコンに内蔵されている楽器音の音源を使って、MIDIデータ化された音源を再生することができます。

2.7.2 自動コード付与システム

音楽情報処理の分野では楽曲解析の研究も盛んに行われていて、その一つに与え

られた旋律に対するコード判定（和音付け）の自動化などの研究も行われています。コードの自動付与ができると、楽曲の和音進行の学習や解析だけではなく、例えば、ふと思いついた鼻歌メロディに伴奏を自動で付けられるアプリのように、作曲や編曲の自動化に応用できます。自動作曲や自動伴奏といっていますが、これらの研究にはコードの自動検出は重要な技術になります。ちなみに、和声の学習ではメロディに対してコードを付けることを**ソプラノ課題**といっています。

　自動コード付与の問題は、対象とするジャンルによってコード付けのルールが変わります。クラシック音楽であれば上述のようにコード進行が和声によりだいぶ厳密に決まるのですが、一方、ジャズやポップスではテンションコードの種類も多く、機能和声のカデンツにしばられる必要もないので、より自由度のあるコード進行が対象となります。

　実際の楽曲において難しいのは非和声音の扱いです。もし、図2-39のように和声音だけでできている場合でしたらそう難しくはありません。総譜（スコア）上の各楽器に和声音が分散していますが、スコア上にある全パートの音をドレミの12の音名にすべての音を詰め込んでしまいます（ピッチクラスセット、クロマ特徴量、クロマベクトルなど）。ひょっとしたら確率的手法を用いるまでもなく和声に従った条件分岐のプログラムで処理できるかもしれません。

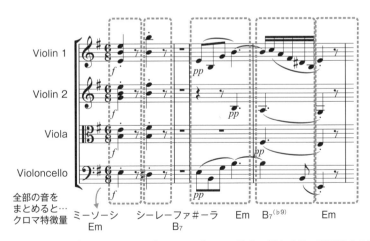

図2-39　和声音のみのコード（ベートーヴェン：弦楽四重奏曲第8番冒頭より）

ところが、多くの曲はそうではありません。倚音や経過音などの非和声音があり、また和音の構成要素が足りないこともあります。そして、鼻歌のようにメロディだけから和声をつけるソプラノ課題では、解が1つではなく最適解を求める問題となり確率モデルによる処理が必要となります。

先ほどの自動採譜もそうでしたが、コンピュータによる楽曲分析では音声言語処理や自然言語処理の手法が適用されることが多いです。音声認識技術では**形態素解析**という手法があり、文字列を文法や文脈から主語、述語などのように言葉の区切りを見つけ各語の役割を見つけます。例えば、文字列「ははかねをわたしにわたした」があったときに、私たちは普通「母は、金を私に渡した」と解釈しますね。「ハハハ、鐘を渡し庭足した」とは読みません（笑）。このように、文字の羅列に対して単語と文法に当てはめて意味を理解しようとします。

この発想を音楽の解析に応用すると、メロディの音符列から小節や拍、フレーズといった区切りを見つけることをします。そして、クラシック音楽であればドミナントやトニックのような和声という文法があるので、それに合致するようにメロディに対して適切な和音を与えるプログラムを書くことが考えられます。楽典や和声の知識と音声言語処理のコラボした手法といえます。近年、メロディにどんな和音を付けたらよいかを推定する手法がいくつか提案されており、隠れマルコフモデルやニューラルネットワークを用いた確率モデルの研究がなされています。

2.7.3　確率的手法

音楽は時間軸に沿って和音が変わっていきます。このように時間軸に沿った情報を処理するシステム（プログラム）の設計法として、古くから**状態遷移**という方法が使われています。

ここでいう**状態**とは、コンピュータがある処理（動作）を済ませて次の処理に移るまでの間です。例えば、スマホの音声認識ソフトを考えてみましょう。画面に「何かしゃべってください」と表示して私たちの音声の入力を待っているとき、それがまさに1つの状態です。特にシステムではこの状態を「待ち状態」といっています。そして、「美味しいラーメンが食べたい」というと、スマホのアプリはデータベースに検索にかかります。この検索中も一つの状態です。そして、検索結果を表示して、次のユーザーの操作を待ちます。これも状態（待ち状態）です。

以上の処理過程を図にすると図2-40のようになります。ある状態から次の状態

への移動は外部入力や割り込みなどの**イベント**によって行われ、これを状態遷移といいます。また、このようなモデルを**有限オートマトン**と呼び、このように動作するシステム（プログラム）を**ステートマシン**といいます。

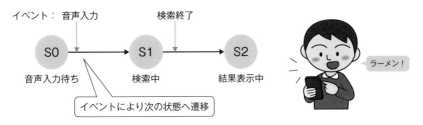

図2-40　有限オートマトンにおけるイベントと状態遷移

さて、今のスマホアプリの例では、状態遷移は音声発話やスマホの操作といった外部からのアクション（イベント）により決定的に遷移します。ところが、和音進行の解析にこの状態遷移を当てはめようとすると、和音進行は決定的ではなく確率的に遷移しますので、確率的な遷移を表現しなければなりません。つまり、ハ長調の曲のときCのコードの次は、FでもDmでもGでもよいわけです。

そこで、ある作曲家の曲を調べたら、統計的にCからFに遷移する確率が0.2で、Dmへは0.28で、Gへは0.25で…と確率的に遷移したとします。そうすると、次の図2-41のように書けます。これを**マルコフ過程**（確率過程、マルコフモデル）といいます。

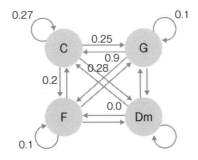

図2-41　和音進行を確率的マルコフモデルで表現する

　楽曲に付与された和音を1つの状態として、和音の遷移を総当たりで図2-41のように図式化すると、C→Cと自己ループもあれば、Dm→Cのように和声のルール上にないので確率0.0の遷移もあります。このように遷移確率を使って和声の進行を表現できるようになります。なお、この遷移確率はある区間（例えば小節）の和音と、次の小節の和音の2つの和音の出現頻度、すなわち1つ前の和音が決まったときに次に来る和音の出現頻度を指しています。

　しかし、実際の音楽の中で現れる和音進行は、2つ組のマルコフ過程だけでは精度よい推定は難しく、さらにその前のコードの影響も受けているはずです。例えば、Dm→Gとなる場合は、その前にCかFであれば確率は高いですが（C→Dm→G、F→Dm→G）、Gであったら（G→Dm→G）となる確率は低くなるからです。2つよりも3つの遷移確率にした方がより音楽のルールに合った結果が得られそうです。では、じゃあ組数を増やせばよいかとなると、そう単純でもなく、多ければその分、学習のためのたくさんのデータが必要で、計算量も多くなり現実的でなくなります。しかし、とりあえず和音進行は時間軸に沿って状態遷移を連ねていけば計算できそうだな、ということが分かっていただけましたでしょうか。

　そこで、連続的な状態遷移を使って和音進行を自動検出するための手法の一例に**隠れマルコフモデル（HMM：hidden Markov model）**という確率モデルがあります。図2-42はLeft to right HMMという、開始状態と終了状態があり状態が左から右に遷移していくモデルです。楽譜に書かれる音符列を観測される（陽的に見える）情報とし、それに対して和音を隠された（陰の）マルコフモデルの状態とします。自動作曲においては、状態遷移（和音進行）は確率的に遷移して、和音の遷移に対しても確率的に音符が出力されるのですが、私たちから見ると、よく分からないけど

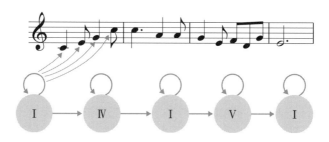

図2-42　Left to right HMMによるメロディと和音の確率遷移のイメージ

システムから何かポコポコと音符が自動的に出力されるようなイメージです。なお、音符が生成・観測される確率を出現確率といい、状態1から状態2へ遷移する確率を遷移確率といいます。一方、自動コード付与はこの逆問題となり、HMMの計算にはベイズの定理やビタビ・アルゴリズムが用いられます[18]。

そして、旋律に対する和音の関係の確率を求めたら、その確率が和声進行として最もスコアの高くなるように和音を選択します。尤もらしさのことを**尤度**といいますが、和音の組み合わせをいくつも用意して、それらの中で尤度が最大になるような和音の組み合わせを解として決定します。この手法を経路の最尤推定といって、ビタビ・アルゴリズムによる探索によって求めることができます。

また、この他にも近年では遺伝的アルゴリズムやニューラルネットワークによるコード自動推定の研究もなされています。これらのような確率的な手法によりコンピュータでコード進行を自動付与すると、人が付けるような常識的で定型のお決まりパターンとは異なった、意外性もあってあながち悪くない和音進行の発見が期待できます。

2.8 絶対音感のクイズを体験してみよう！

第2章の最後は絶対音感のクイズです！　下記ウェブサイトに音源がありますので、パソコンやスマホなどからアクセスして試してみてください（ただし、お使いのスピーカやイヤホンによる影響があるかもしれません）。

問1. 音源の音名（ドレミ）を答えてください。

問2. (1). 442HzはA、B、Cのとれでしょうか（純音です）。

(2). 同様に（楽音のように）倍音を含む音源について、442HzはA、B、Cのとれでしょうか。

▼第2章の音源および答えのあるURLとQRコード

https://gihyo.jp/book/rd/c-music/chapter2

　プログラムで自分でいろいろ音を出したい方は、先のページから本書で用いたプログラムがダウンロードできます（言語：C、環境：Windows、Visual Studio 2019）。

　このプログラムを応用して、2.2.4項のオクターブ伸長や2.2.5項の共和度曲線の実験もできますので、チャレンジしてみてください。

2.8.1　和声の譜例の音源

　和声の説明で用いた譜面についてですが、ピアノを弾いて音を確認したり楽譜を見て音がイメージできたりすればよいのですが、それらが難しい場合もあるかと思いますので、一部譜例の音源をウェブサイト上に置いてあります。

　2.6節で取り上げました図2-37の実験で使った、和声に則った和音進行とそうでない進行を聞き比べるアンケート実験の音源も用意しておきましたのでお試しください。

リズム

西洋音楽は規則的な音の並びで構築されています。一方、日本の追分や雅楽のように非西洋の民族音楽では規則性の弱い音楽も存在し、独特の間やゆらぎが音楽の特徴を作ります。第3章では、リズムや拍についての概念から、西洋音楽の様々なリズム体系を学び、リズムやノリに関するいくつかの科学的なアプローチについても紹介します。

3.1 リズムを感じるには

リズムって何でしょう？

経験や直感からすると、一定の間隔で音が鳴っていたり何らかの周期性や規則性がある音（音楽）を聞いたりすると、そこにリズムを感じるのではないでしょうか。でも、リズムという言葉はかなりのあいまいさがあるのです。

音楽学者クルト・ザックスによると[1]、リズムという言葉は2500年ほどもさかのぼり古代ギリシャ語のリュトゥモス（rhythmós）が起源といわれています。このリュトゥモスは「流れる」という意味の語から来ており、リズムという概念はそもそも流れ動くものであったことが想像できます。アリストクセノス（アリストテレスの弟子）は紀元前330年頃の著書でリズムを「時の秩序」といい、また、プラトンは「運動の秩序」、ホイスラーは「時間の組織化」などのように説明をしてきました。リズムという言葉は音楽以外でも、「生活のリズム」やスポーツでの「攻撃のリズム」などのような使い方もされます。その表現の意味するリズムは「流れ」という言葉に置き換えられます。などなどいろいろな表現や説明があって、結局のところ定義ははっきりとはしていません。

音楽におけるリズムについては、おおむね拍子やビートを指しているといえます。また、音符の長短や強弱の組み合わせも指します。感覚的には、音（音楽）に何らかの時間的な周期性や規則性があるときに私たちはそれらをリズムと感じているようです。

では、どういう周期性・規則性があったら、リズムが感じられるのでしょうか。

まず、音の強弱の出現パターンによるでしょう。例えば、太鼓を叩くとき、同じ音量で同じ間隔でただひたすらトントントントン…と叩いているだけでは音楽的なリズム感はあまり得られません。このとき、4つごとに太鼓を強く叩くようにします。すると、4拍子と呼ばれるリズム感（拍感）が得られますね。5つごとでも6つごとでもよいですが、決まった周期で強く叩かれるのであれば、そこにリズムを感じることができます。ところが、この強弱の間隔がコロコロと4回だったり、5回だったり、3回だったり…と不規則ですと、これは音楽的なリズムが感じにくい叩き方になってしまいます。この強弱の周期がコロコロ変わることを**変拍子**といっています。ただし、変拍子でも強烈な躍動感と野性的なリズム感を表現した音楽もあり、その代表例としてストラヴィンスキーのバレエ音楽『春の祭典』が挙げられます（変拍子の詳細については後述します）。

そして、リズムという言葉は音の長さ（音価という）の組み合わせやパターンも指します。例えば、♩♬のように4分音符と2つの16分音符の組み合わせも私たちは、リズムといっています。この観点から拍子をリズムと区別する説明もありますが、ワルツのリズムとかマーチのリズムといったように、拍子に対してリズムという言葉を使うこともあるので、広義では拍子もリズムに含まれているといえます。よって本章では、リズムとは音楽の時間的な構造や秩序であるとしておきましょう。

3.2 音符の長さ

音の長さを**音価**といいます。西洋音楽では、音価はある基準の音の長さに対して、2倍、3倍もしくは1/2倍、1/3倍といった倍数や分数、そして足し算や引き算により長さのバリエーションを表現しています。音価は図3-1のように定められていて、その長さは**離散的**です。離散的とは、整数の1, 2, 3…のように飛び飛びの値を指す言葉でデジタルともいいます。デジタル時計で例えるなら、時計が11：32を示しているとすると次の時刻は11：33になりますね。音価では、32分音符を最小単位とした場合、4分音符の次に長い音価は「4分音符＋32分音符」の長さになります。

なお、離散的に対する言葉は連続的ですが、デジタル時計に対して時計の針が滑らかにくるくる回るアナログ時計がそれに相当します。もし、音価が連続量（アナログ）の世界だとすると、先ほどの例のように「4分音符の次に長い音符」が規定

① 音符の長さ（全音符～8分音符）

全音符　2分音符　4分音符　8分音符

② 4分音符を順次半分に分割してできる音符

4分音符　8分音符　16分音符　32分音符

③ 付点音符は1.5個分の長さ

④ 3連音符（1つを3つに分割）

離散的：次に長い音符！

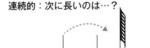
連続的：次に長いのは…？

（無限小の短い音符が存在する）

図3-1　音価と音符

できません。「4分音符＋x」としたときのxは無限に小さい値が考えられるからです。「4分音符＋1億分音符」は次に長い音符ではなく、さらに細かい「4分音符＋1兆分音符」があり、それでさえ4分音符のお隣りの長さの音符になれないのです。

　このアナログ的な音価についてですが、日本の詩吟や能楽のように、西洋音楽みたいに離散的な音価や、分数や整数倍といった数学的にリズムを記述できない音楽もあります。第1章でも紹介しましたが、このようなリズムを**自由リズム**といいます。「ため」とか「間」といったアナログ的な音と音の間隔が特徴的です。例えば大相撲の呼出で叩かれる拍子木などのリズムがそうです。

　なお、西洋音楽における伸ばしの記号**フェルマータ**（ ）は、元の音価の2倍に伸ばすという意味の記号です（実際にはきっかり2倍ではないことも多いのです

が）。ちなみに、フェルマータ（fermata）はイタリア語でバスの停留所をいい、もともと伸ばすというよりは止める（fermare、動詞）が語源です。

3.3 〉 拍子

本節以降では拍子（ビート）という概念について詳しく説明していきます。

3.3.1 拍子と小節

皆さんご存知の応援団の手拍子に、三三七拍子がありますね。実はこの拍子は楽譜にすると4・4・8（拍子）なのです。休符を無視して手を叩く数だけを数えているので3・3・7（拍子）と呼んでいるのですが、図3-2のように音符にすると、8分音符ベースで書けば2/4拍子で叩いていることが分かります。ちなみにお祝いの席や宴会の後のシメの三本締めも2/4拍子です。図のように、音符の並びのまとまりで縦に引かれた線を**小節線**といい、この箱を**小節**といいます。拍子の表し方は、4分音符が2個で1小節とするのであれば4分の2拍子といい2/4と分数で表します(約分はしません！)。では、この2拍子や3拍子というリズムの概念はいつ、どのようにしてできたのでしょうか。リズムとその記譜についての歴史を振り返ってみましょう。

図3-2　3・3・7拍子ではなく、4・4・8拍子?!

音楽における音符の長さの概念は紀元前4世紀にさかのぼり、ギリシャのアリストクセノスが2：1の長短による音節パターンを考案しました。当時の音楽のリズムと旋律は歌われる詩の韻律に準じるものでした。韻律とは、文章を読み発音するときの音声のイントネーションや長短、アクセントなどを指します。

アリストクセノスの体系化した音節は、2拍子、3拍子、5拍子、7拍子といったもので、その1拍の中のリズムパターンを、長ー短（♩＋♪）＝トロカイオス（trochaios）、

短一長（♪+♩）＝イアンボス（iambos）などのように分類しました[1]。しかし、このようなリズムの概念が登場しても当時はまだ楽譜にはされなかったようです。音楽的なリズムはもっぱら歌詞の言葉の持つ韻律におのずから含まれるものだったため、歌詩は文字情報として残りましたがリズムは記録されず口伝のままでした。

　その後、韻律の伝承については9世紀から10世紀にグレゴリオ聖歌が編纂される頃、ネウマ譜（5.3.3項を参照）という音高の動きを図形で視覚的に示したものが考案されました。とはいえ、正確なピッチを記すものでもなく音の相対的な上下関係や長短をアバウトに示すことしかできず、歌詞に図形を加えてどう歌ったらよいかのイメージを伝えるくらいの補助的なものでした。この発想は日本における声明や詩吟のように、漢字で書かれた詩の傍らに点や線、〇などで歌い方を記したものと同じで、これらを**文字楽譜**といっています。

3.3.2　西洋のリズムは3拍子から始まった

　12世紀後半のフランスの**ノートルダム楽派**の頃（レオナンやペロタンといった作曲家が活躍した時代）に3分割のリズムが体系化されました。当時、三位一体（神、キリスト、聖霊）のキリスト教の影響から「3」という数字は完全なものとされ、音楽のリズムにおいても3を基準とした理論（リズム・モード）が導入されました（以下文献[2][3]より）。記譜のしかたは線的なネウマ譜から■（四角形）による四角譜に変化していきました。音価には長いロンガと短いブレヴィスがあり、図3-3のように長短の音価の組み合わせとして6種類のモード（modus、モドゥス）が用いられました。それぞれ1.トロカイオス、2.イアンブス、3.ダクテュロス、4.アナパイストス、5.モロッソス、6.トリブラクスという名称が付いていました。

図3-3　ノートルダム楽派時代の6つのリズム・モード

　さらに時代が進み、14世紀になると**メンスーラ記号**（mensura）という拍子記号の原型が考案されます。メンスーラ記号は図3-4のように拍の階層構造を示すのですが、神の音楽である3分割という「完全」に対して、2分割は人間が考え出した俗世な「不完全」なものとされていました。ブレヴィスはセミブレヴィスに分割さ

れ、さらに細かい音符のミニマも使われるようになりました。

　まだこの頃は3/4とかの分数による表記ではなく、ブレヴィスの3分割のリズム
は完全なるものだから円で表し、2分割のリズムは不完全なので半円で表しました。
メンスーラの点「・」はプロラッティオ（prolatio、拡張）といい、ミニマへの分割
数を示していて、点があると prolatio major という3分割、ないと prolatio minor と
いう2分割を指します。

　この2分割の半円はやがて現代の4/4拍子の記号𝄴になります。この記号はアル
ファベットのCではなくこの不完全を示す半円から来ています。なお、現代の2/2
拍子を示す𝄵は「アッラ・ブレーヴェ（alla breve）」といわれますが、「ブレーヴ
ェで」、すなわちブレヴィスが基準のテンポ（tempus、テンプス）となることを意
味します。

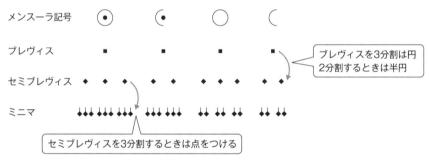

図3-4　メンスーラ記号と3分割／2分割

　15世紀前半になると音楽はより細かい表現が行われるようになり、音価もセミ
ブレヴィス、ミニマ、セミミニマ、フーサと細かくなっていきました（図3-5）。
四角譜の頃は中を黒く塗りつぶしていましたが、長い音は白抜きになっていきだい
ぶ現代の記譜に近くなります（一説によると楽譜が大量に生産されるようになり塗
りつぶすのが大変だったからとか）。セミミニマは現代の4分音符、フーサは8分
音符に表記が似てきました。やがて、符尾が2つ付いたセミフーサも登場しました。

図3-5　15世紀の音価と記譜

16世紀になる頃には、音符の頭の形が四角や菱形ではなく今の楕円になったといわれています。そして、付点音符が現れ1.5倍の音価が音楽に取り込まれるようになります。

線も五線になり、小節線も書かれるようになりました。これまでの楽譜出版は声楽曲が主だったこともあり、声楽は詞に支配されることからその区切りも歌詞の持つリズムに合わせればよかったので、楽譜に等時的な小節線を引く必要がありませんでした。グレゴリオ聖歌にも区切りの縦線はありましたが、これは大きな歌詞に依存した言語的な区切りであって、リズムを等時の意味合いで区切るものではありません。しかし、16世紀に舞曲も出版されるようになると、舞曲は規則的な反復リズムであるので分かりやすく区切りを付けられるようになり、小節線が明確に書かれるようになりました。

ここで、拍子記号について、表3-1に現在よく使われる拍子とリズムを示します。今日に見られるような分数による拍子の表記になったのは16世紀末の頃です。途中で拍子が変わる音楽が作曲されるようになってきたことも影響があると思われます。現在、拍子の基準となる音価（分母）は、2分音符、4分音符、8分音符、16分音符といったように2の倍数で構成されています。拍子記号は、これらの基準の音価を分母に書き、1小節に基準の音価がいくつ分必要かを分子に書くルールにな

表3-1　現在の一般的な拍子と表記　（※空欄はあり得なくはないがあまり見ない拍子）

	2分音符	4分音符	8分音符
2拍子	2/2とも書く		
3拍子			
4拍子		4/4とも書く	
6拍子	※8分音符3×2拍子ととらえる		
9拍子	※8分音符3×3拍子ととらえる		
12拍子	※8分音符3×4拍子ととらえる		

っています。単に1小節の音符の数と長さを記すだけでなく、同時にリズムも示しています。例えば、6/8を約分すれば3/4ですので、6/8拍子と3/4拍子は小節の時間的長さは同じですが、この2つの拍子はリズムの取り方は異なります。3/4拍子はワルツのように明確に3拍子ですが、6/8拍子は3連符が2つと考えどちらかというと2拍子に近いのです。

　以上、1000年にも渡る西洋音楽の拍子の歴史についてかなりざっくりと説明してきました。ヨーロッパ人らしい合理的な性格がゆえに、このような合理的な拍子とリズムの理論ができあがったのだといえます。

3.3.3　強拍、弱拍、シンコペーション

　表3-1に基本的な拍子のパターンを示しましたが、いくら譜面を小節線で区切っても並んでいる音に強弱がないとだらだら音符が続くだけで、リズム感やノリは発生しません。

　各拍子の「1, 2, 3, 4…」とカウントをするタイミングを**表拍**といい、その表拍の間のタイミングを**裏拍**といっています。また、強く演奏する拍を**強拍**といい、それ以外を**弱拍**といいます（図3-6）。4拍子では、1拍目が強く3拍目がやや強くなります（ただし曲想やテンポによって3拍目の強拍はないときもある）。ワルツのような3拍子であれば1拍目が強くなります。このようにクラシック音楽における基本ルールは1拍目を強拍とします。音の強さや重みに変化ができることで周期性が感じられリズムが生まれます。図3-6では強拍をアクセント記号（>）として表記しました。ただし、実際のクラシック音楽の楽譜にはこのアクセント記号は暗黙のお約束として書かれません。

　この基本にあえて変化を付けて、強拍のタイミングをずらしたリズムや演奏もあ

図3-6　拍子と強拍の位置

図3-7 シンコペーションの例

ります。タイやスラー、休符によって強拍をずらす**シンコペーション**という表現が
あります。シンコペーションにするといわゆるスイング感が生まれます。図3-7の
例のように、4拍子において2拍目や4拍目を強拍にしたり、また、表拍を休符に
して裏拍に音符を置いたりする場合もよくあります。

3.3.4 日本古来の音楽にはリズムがない?!

　日本古来の音楽は自由リズムが特徴的であるといった説明はすでにしてきまし
た。一方、クラシック音楽のように強弱の明確な拍の感覚を**拍節的リズム**といいま
す。しかし、日本の踊りの音楽の中にも拍節的リズムの音楽は多く見られます[4]。
ソーラン節や阿波踊り、ねぶたなどなどから身近な近所の盆踊りまでいろいろなと
ころで聞くことができます。この民族的な拍節的リズムには、日本の音楽に限らず
古代より集団を統一・統率し、団結感や高揚感を形成する効果があるとされていま
す。そして、まれにトランス状態や憑依（ひょうい）といった心理状況や現象を誘発することが
あります。

　さて、日本の伝統音楽といえば雅楽を思い浮かべる方が多いかと思います。雅楽
は、「早四拍子（はやよひょうし）」「早八拍子（はややひょうし）」など、大まかに4/4拍子と取れる音楽です（中には夜（や）
多羅（たら）のように2＋3の混合拍子もある）が、4拍目が少し伸びる特徴があります。「早」
は1小節が4拍であることを示し、「四拍子」は太鼓の叩かれる間隔でいくつの小
節ごとに叩かれるかを示しています。一方、序吹き・序弾きという始まりに奏され
る曲は、無拍子でゆったりとした壮大な雰囲気になります。音合わせや音取（ねとり）は拍節
的ではない自由リズムの無拍子で奏されます。

　大陸からきた仏教の声明（しょうみょう）（お経）については、一定のリズムがある拍節的リズム
である「定曲」と自由リズムの「序曲」があります。お経を読むときのポクポクと
木魚を叩くリズムは、等時的ですが抑揚がなく無拍子です。その一方、しっかりと
したリズムがある日蓮宗の題目太鼓というのもあります。南無妙法蓮華経のお経と

共に大太鼓で図3-8のように「ツックツックドンツックドンドン」のリズムを繰り
返します。

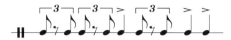

図3-8　日蓮宗の大太鼓のリズム

　拍節的リズムを持つ音楽は日本民謡の中にも見られます。民謡は、八木節様式と
追分様式に分けることができます。前者はついては、拍節的リズムで作業歌や踊り
の音頭のようにリズムが明確であり、ソーラン節や草津節などがその例です。一方、
江差追分や南部牛追い歌は自由リズムです。なお、お囃子などは拍節的リズムと自
由リズムが混ざった音楽となっています。

3.4 ＞ テンポ

　テンポは拍（ビート）がとのくらいの時間間隔で打たれるかを表しています。「速
いテンポで」「ゆったりとしたテンポで」と言葉で指示されても、実際にとのくら
いの速さになるかは人それぞれです。そこで、テンポがとのくらいの速さであるか
ということを具体的に説明するとき、拍がとのくらいの周期であるかを数字で示す
とはっきりします。

　例えば、作曲家が譜面に「ここのテンポは4分音符＝0.5秒ですよ」と指示して
あれば、私たちは時計の針を見ながらそのテンポで練習すればよいわけです。細か
い16分音符のパッセージがあったとしたら、16分音符は1秒間に8つ刻む、すな
わち1音あたり0.125秒の速さですね。その速さでよくさらっておけば、週末のオー
ケストラの練習で指揮者に怒られることはないのです！

3.4.1　メトロノームの発明と仕組み

　さて、そのように曲のテンポを客観的な数値で示したのは、かのベートーヴェン
が最初とされています。その背景には、皆さんご存知の**メトロノーム**という機械の
発明があります。それまでも譜面には、例えばAndante（アンダンテ、歩く程度の
速さ）などとイタリア語で書かれてはいましたが、歩く速さは人によりけりですね。
歩く速度のイメージが違うと合奏するときに速さの“足並み”がそろわず困ってし

まいます。

曲のテンポを示してくれるメトロノームですが、ドイツの発明家メルツェルが1816年に発明した！というように、メルツェルの功績が歴史上残っています。しかし、実はオランダのアムステルダムにいたヴィンケルという時計職人の発明品からの盗作なのです。ヴィンケルはメルツェルを相手に裁判で争い、結果ヴィンケルが勝ったのですが、しかし、時はすでに遅くメルツェルのメトロノームは世間に広く浸透してしまっていました。

メトロノーム記号のM.M. ♩＝120は、4分音符を1分間に120回刻む速さであることを意味しています。M.M.はメルツェルのメトロノーム（Mälzel's metronome）という頭文字を表していて、1分間に何回拍を刻むかを数字で示しています。

なお、メルツェルはベートーヴェンの創作活動にも大きく関与したらしく、40歳を過ぎ俗世を疎ましく思っていたベートーヴェンに、『ウェリントンの勝利』（いわゆる戦争交響曲、1813）を作曲することを提案しました。ナポレオンの英国侵略を止めたウェリントン将軍を讃える曲です。さらにメルツェルは、初演のためにベートーヴェンをロンドンに連れていきました。その甲斐あって演奏会が無事大成功となり、さらにその翌年の歌劇『フィデリオ』も成功裏に終わりました。これらの成功が続いたことにより、気をよくしたベートーヴェンはまた作曲家として生きていく活力を得たということだそうです。ある意味、このメルツェルの提案がなければ、第九交響曲を始めとする後の名曲の数々は生まれてこなかったかもしれません。ちなみに、この『ウェリントンの勝利』の版権をめぐって数年後にメルツェル

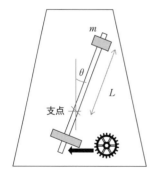

ゼンマイの駆動がなく単純に振り子の振動を単振動とみなすと、振り子の運動は浮動錘の質量mに関係せず、支点からの距離Lと重力加速度gによって角度θの運動方程式は次式になる。

$$\frac{d^2\theta}{dt^2} = -\frac{g}{L}\theta \qquad 式（3-1）$$

このとき周期は

$$T = 2\pi\sqrt{L/g} \qquad 式（3-2）$$

となる。

図3-9　メトロノームの仕組みと振り子の原理

とベートーヴェンは訴訟沙汰になって仲たがいをしてしまいます…。

さて、規則正しい演奏のトレーニングには欠かせないメトロノームの構造を見てみましょう。機械式のメトロノームの仕組みは図3-9のようになっています。金属の棒に付けた2つの錘である固定錘と浮動錘に、ゼンマイを取り付けた構造をしています。メトロノームを動かすにはカリカリとゼンマイを巻く必要があり、ゼンマイの復元力を使って歯車で錘を駆動させます。そして、振り子の原理で2つの錘のモーメント差により浮動錘の位置を変えて周期を変えることができます。

図中の式（3-2）によると、遅いテンポにする（＝周期 T を長くする）には、浮動錘を上につける、つまり L を長くします。速いテンポのときは逆になるので錘は下にします。機械式のメモリの数値ですが、周期が長さの平方根に比例することや、ウェーバー・フェヒナーの法則より速さの変化の感覚は比率で感じるものなので、遅いテンポほど目盛の間隔は小さく、また速くなるにつれ間隔が大きく書かれています（目盛の間隔が狭くなり数字が書けないという理由もあろうかと思いますが）。目盛は♩＝40〜60くらいまでは2ずつ、♩＝100あたりでは4ずつ、♩＝160〜200あたりでは8ずつ刻まれています。

一方、電子式のメトロノームは、発振機が一定のリズムを作るので機械式のように重力や摩擦の影響を受けないため精度がよく、また、使うたびにネジを巻かなくてよい、という便利さがあります。

ちなみに、機械式メトロノームを使った面白い実験があります。ゆらゆら左右にゆれることのできる台の上にメトロノームを2台置いてカチカチと鳴らします（振り子の向きを台が左右にゆれる方向に合わせます）。すると、振り子のゆれるタイミングをずらしてスタートしても、しばらくするとその左右のゆれる振り子が同じタイミングでゆれるようになります。この現象は、2台の振り子に働く力の相互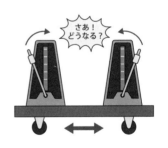

作用によるもので、片方のメトロノームが右に振れると、その反対の左に作用する力（反作用の力）がもう一方のメトロノームに伝わります。お互いの相互作用により次第に振り子の位相が合わさり、振り子が同じ方向でカチカチ動くようになります（同期現象と呼ばれています）。もし、間違って同じメトロノームを2個買ってしまった！（ウェブ通販でやってしまうあるあるですが…）という幸運な方がいら

っしゃいましたら、ぜひともこの同期現象の実験をしてみてください。

ご参考までに表3-2にメトロノームの数値と速度標語のだいたいの目安を記しておきます。実際の演奏は必ずしもこの範囲にあるとは限りません。

表3-2 メトロノームの数値と速度標語

メトロノーム数値	イタリア語	英語	日本語
40~54	Largo	Very slow	幅広く
56~66	Lento	Very slow	遅く
69~80	Adagio	Slow	ゆっくりと（ラブソングなど）
84~96	Andante	Moderato slow	歩くような速さ
100~120	Moderato	Medium	中くらいの速さ（ポップスなど）
120~132	Allegretto	Medium	やや速く（ロックなど）
132~144	Allegro	Medium fast	速く（ハードロックなど）
152~168	Vivace	Fast	快活に（ダンス／テクノなど）
176~192	Presto	Very fast	急いだスピード

3.4.2 BPM

最近のポピュラー音楽やDTMなどではM.M.もですがBPM（beat per minute）の表記が多く使われます。1分間に60回のビートを叩くとなるとBPM＝60となります。このとき4分音符がビートの基準なら4分音符はちょうど1秒間になります。ただし、ビートの基準を何音符にするかによって音符の時間は変わります。基準には4分音符だけでなく、8分音符でもよく、それこそ全音符でも付点音符でも可能です。もし、8分音符をBPM＝60にすると4分音符は2秒になり、そして付点4分音符なら4分音符は2/3秒になります。

3.4.3 メトロノーム通りには演奏できない

多くの曲は3/4拍子なり4/4拍子なり、1つの拍子で曲の最初から最後まで書かれています。しかし、中には途中で2拍子に変わったり、コロコロ拍子が変化する変拍子の曲もあったりします。

ポピュラー音楽では、一定の同じテンポでずっと演奏されることが多いようです。サビの直前や最後、エンディングなどで多少のテンポ変化があるかと思いますが、基本的には同じテンポで書かれます。テンポが同じことの利点の一つとして、レコーディングで楽器やボーカルごとに別トラックに録音できることが挙げられます。

また現代ではテクノ・ミュージックに代表されるようにDTMや打ち込みといわれるコンピュータを使った音楽制作が増えたことも、ポピュラー音楽にテンポのゆらぎが少ないことの一因のようです。

　一方、クラシック音楽では、逆にきっかり一定のテンポで演奏されることは少ないといえます。実際の演奏はテンポの伸び縮みがひんぱんにあり、それがクラシック音楽の音楽的な表現につながっています。速度標語が1曲の中で変わることも当たり前で、例えば、序奏はゆっくり、主要部は速いテンポで、コーダ（終結部）はとても速く、といったような変化があります。

　テンポのゆらぎは、旋律・音楽の区切りであるフレーズや楽節などの中でも起きます。例えば、4小節という長さのフレーズがあったとすると、フレーズの開始から中間部に向かってだんだん少し速くなって、終わりで少しゆっくりすることがあります。これは後の第4章で説明する旋律の仕組みと関連があるのですが、フレーズの中心ないし少し後に音高が最も高くなる頂点を作ることを基本としているので、そこに向けて小さな音楽の盛り上がりがあります。それに合わせて少しテンポを速くして、そして頂点を過ぎて終止部に向けて落ち着きを見せることも、音楽表現として必要であれば行われます。

　しかし、この変化はごくわずかであったり、まったくなかったり、大げさに表現したりと様々です。中には曲の様式から来る「普通はこう演奏する」といったお作法があったり、演奏者や指揮者の曲の解釈によったりしますので、単純ではありません。

　例えば、有名どころとしてヨハネス・ブラームス（1833-1897）の『ハンガリー舞曲集』第5番（図3-10）やモンティの『チャールダーシュ』などを例に取ると、最初はゆっくり始まってフレーズの終わりに向けて速くします。他には、音の跳躍があるときには時間を取ることがあります。典型的な例として有名なプッチーニのオペラ『ジャンニ・スキッキ』のアリア「私のお父さん」を挙げておきます（図3-11）。オペラのアリアでは歌手の感性に任せた速度変化はかなり自由に行われま

図3-10　ブラームス：『ハンガリー舞曲集』第5番より

ゆったり長くなる

図3-11　プッチーニ：オペラ『ジャンニ・スキッキ』「私のお父さん」より

す。これらの速度変化は演奏家のその時の気分次第なので、何%速度アップというように数値的には残念ながら表せません。

　フレーズや慣習によるテンポのゆらぎが暗黙的に行われる一方で、作曲家が明示的に速度アップして盛り上げたり、ゆったり曲を締めくくったりしたいときは、アッチェレランド（accelerando、次第に速く）やリタルダンド（ritardando、次第に遅く）といった速度指示が書かれます。このような速度変化の指示は表3-3のようなイタリア語によって書かれます（20世紀に入り各国の作曲家の母国語であるドイツ語やフランス語、英語などで指示が書かれるようになりましたが、伝統的にイタリア語が使われることが多いです）。

表3-3　主な速度に関する表示（速度標語）

速度指示	意味（イタリア語の訳）	補助用語	意味
accelerando (accel.)	徐々に速く（加速する、促進する）	poco	少し poco rit.などのように使う
stringendo (string.)	徐々に速く（締める、時間が押す）	poco a poco	少しずつ
ritardando (rit.)	徐々に遅く（遅くする、伸ばす）	molto	とても molto accel.など
rallentando (rall.)	徐々に遅く（遅くする、減速する）	piú	より多く（英語のmore）
morendo	徐々に遅く消え入るように（死ぬ）	meno	より少なく（英語のless）
allargando	強くしながら遅くする（広げる）	e/ma	英語のand/butと同じ rit. e dim.など
a tempo	テンポで（aは場所や時間に付く前置詞）		リタルダンドなどの後で使う
Tempo primo (Tempo I)	曲の最初のテンポで（primoは英語のfirst） 2番目のテンポはTempo secondo		

3.4.4. イン・テンポとテンポ・ルバート

イン・テンポ（in tempo）という音楽用語があります。演奏するときに、テンポを守って、といった意味で使われています。機械的にきっちりと正確にというよりは、音楽として心地よいわずかなゆらぎも含んでいます。リハーサルやレッスンで「イン・テンポでちゃんと演奏して！」と注意されるときは、練習不足や苦手な指使いが原因でテンポキープできてないというお叱りになります。なお、きっちりと正確にという意味では**テンポ・ジュスト**（tempo giusto）という用語があります。giusto は英語の just や exact に相当しています。よって、特定の速度を表すわけではなく、作曲家がかっちりした正確なテンポで演奏してほしいときに使う用語といえます。

一方、あえてテンポをゆらして演奏をしてほしいときには**テンポ・ルバート**（tempo rubato）と書かれています。rubato はイタリア語の盗む（rubare）という動詞の受動態で、時間の自由な伸縮をうながすことを意味します。とはいえ、アドリブ（ad libitum）とは意味合いが違い、大まかにはテンポ・キープなのです。例えば、1小節の中で拍に自由度があり伸縮の帳尻は合わせて毎小節の1拍目はほぼ定刻にやってきます。だから、盗むというよりは、ちょっと拝借して、後でさりげなく返却しておくくらいの意と思うとちょうどよいと思います。

テンポ・ルバートによる音楽の真骨頂といえばフレデリック・ショパン（1810-1849）のピアノ曲が挙げられます。左手は正確にリズムを刻み、右手の旋律は伸縮しますので、このとき左手の伴奏と右手の旋律は拍が少しずれる現象になります。

このように、テンポ・ルバートは規則的な伴奏に対して旋律が音楽的かつ感情的な表現をするために、イン・テンポの伴奏に遅れ・追いつきながら演奏することを指します。この奏法は古く14世紀までさかのぼり、ヨハネス・デ・フロンティアのナスコソ・イル・ヴィーゾというマドリガル曲の一つ、『水浴をする乙女を覗き見する詩人』の忍び足の描写で使われ、18世紀のトージ（P. Tosi）の論文において「低音部は厳格に進むこと」と記されていました。カール・フィリップ・エマヌエル・バッハ（C. P. E. バッハ、1714-1788、J. S. バッハの次男）の重要な著書『正しいピアノ奏法』では「正しいテンポで刻まれた和音がルバートを引き立てる」としています。そして、モーツァルトもルバートの奏法をしていたことが分かっており、父に宛てた手紙の中で「私が弾くアダージョで、左手が時を正確に刻み、右手が自由に動くのに皆がびっくりしている」と書いています。このように伴奏と旋律の拍をずらすテンポ・ルバートの奏法は古くから行われていました。

3.5 | 拍子の雑学

3.5.1 珍拍子と変拍子

多くの曲は4拍子や3拍子、2拍子で書かれるのですが、中には5拍子と7拍子といった珍しい拍子で書かれた曲もあります。たとえば5拍子の名曲としては、ジャズではポール・デスモンドの『テイク・ファイブ』を思い浮かべる人も多いかと思います。クラシック音楽ではチャイコフスキーの交響曲第6番『悲愴』第2楽章「ワルツ」が有名です（図3-12）。

図3-12　チャイコフスキー：交響曲第6番『悲愴』第2楽章「ワルツ」より

他には、ストラヴィンスキーのバレエ音楽『火の鳥』の終焉部は7拍子ですし、ラヴェルの『ダフニスとクロエ』にも7拍子のワルツが登場します。一般的に5や7のような数字の拍子は、演奏する方からするとなじみがなく少々戸惑いがあり慣れが必要です。

次に、記譜上の拍子はいたって普通の4/4拍子なのですが、実際の音楽は別の拍子になっている曲もあります。ジャン・シベリウス（1865-1957）の代表曲『フィンランディア』（図3-13上）に登場する低音楽器による5拍の音型は、突然4/4拍子にプラス1拍することで聞き手に特異な印象を与えています。このようなプラス・ワンの手法としては、R.シュトラウスの交響詩『ティル・オイレンシュピーゲルの愉快ないたずら』（図3-13下）の冒頭の難しいホルンのソロがあります。6拍子に対して7拍子のフレーズを吹かせるといった、曲名通りいたずら心のある音楽です。

でも、この程度の拍子の変化球なんてまだまだ！ 究極的な拍子の逸脱というか、むしろ無視をした曲の例として、バルトークの弦楽四重奏曲第4番を挙げておきましょう。譜面の表記は最もシンプルな4/4拍子でハ長調！ ところが、書かれている旋律やリズムの音型はまったく4/4拍子に当てはまりません。不規則なリズムと民族的語法により作られた音楽が、常に小節線と拍子を無視して書かれています。もうここまでくれば拍子が楽譜の先頭に書かれている意味があるのか、という問いに発展します。

シベリウス

R. シュトラウス

図3-13　記譜の拍子をあえて違える（上：シベリウス：『フィンランディア』、下：R. シュトラウス：交響詩『ティル・オイレンシュピーゲルの愉快ないたずら』より）

　ならば、拍子が変わるのであればきちんとそれを楽譜に明記すべし！　と拍子の変化を明確に書いている曲も多くあります。途中で拍子がコロコロ変わることを**変拍子**といい、変拍子で書かれた旋律の例は多くあります。例えば、5拍子と6拍子が合わさったモデスト・ムソルグスキー（1839-1881）の組曲『展覧会の絵』のメロディは、テレビ番組でもよく流れるので知っている人も多いのではないでしょうか（図3-14）。でも、この旋律を変拍子として認識して聞いている人は少ないかもしれません。

図3-14　ムソルグスキー：組曲『展覧会の絵』「プロムナード」冒頭より

　他にも、ショスタコーヴィチやヒンデミット、マルティヌー…などなど、20世紀になると多くの作曲家が変拍子の曲を書いています。

3.5.2　ストラヴィンスキーのスキャンダル作品

　1913年5月にパリのシャンゼリゼ劇場で初演されたバレエ音楽『春の祭典』は、クラシック音楽界にとても大きな衝撃と影響を与えました。「20世紀最大のスキャンダル作品」というレッテルが貼られたこの作品ですが、その一方で現代音楽の最高傑作とも称され、音楽史を語る上で外せない曲です。作曲したのはロシアの作曲

家イーゴリ・ストラヴィンスキー（1882-1971）で、プロデューサーはディアギレフ、振り付けはニジンスキー。バレエのストーリーは野蛮な異教徒による乙女の生贄（いけにえ）というもの。公演初日には演奏が始まるやいなや、これまでに聞いたことのなかった変拍子と不協和音の嵐に、聴衆は賛否両論、侃々諤々（かんかんがくがく）。客席で聞いていた作曲家のサン＝サーンスは途中で退席するわ、劇場でつかみ合いの喧嘩がおこりケガ人が出るわ、といった歴史に残る大スキャンダルな演奏会となったそうです。

　ストラヴィンスキーの表現した原始的で野蛮な音楽は、これまでの教会や宮廷で培われてきたような美しいハーモニーや流れるようなメロディ、規則正しいリズムによる音楽とはまったく異なるものでした。生命の息吹や生々しいエロティシズムを表現するには、本能の赴くままの自由で躍動感あるリズムが必要だったのであり、それゆえに全曲を通してほぼ毎小節が変拍子という選択を取ったのは、むしろ必然だったのかもしれません。

　しかし、この曲はバレエ音楽です。いくら複雑なリズムとはいえ、曲に合わせて踊れる必要があります。図3-15に曲のフィナーレの譜例を示しますが、この曲の変拍子のリズムは意外と慣れてくると体に馴染むのです。筆者も、若い頃オーケストラでこの曲を演奏したことがありますが、最初はリズムを手拍子で叩くことすらできませんでした。何回も譜面とにらめっこしながら格闘するうちに、やがて頭の中ではリズムが理解できるようになり、ずいぶん経って体が複雑な変拍子のリズムに慣れて楽器でも弾けるようになった、という思い出があります。リズムが非常に

図3-15　ストラヴィンスキー：バレエ音楽『春の祭典』「生贄（いけにえ）の踊り」より（原曲はオーケストラ曲だが譜例はピアノ譜に変換）

Igor Stravinsky: The Rite of Spring
© Copyright 1912, 1921 by Hawkes & Son（London）Ltd
reproduced by kind permission of Boosey & Hawkes Music Publishers Ltd.

難しいのもさることながら、100人ほどいるオーケストラ全員が複雑な変拍子を間違わずに演奏しきるというところに、この曲を演奏する難しさと怖さがあります。

ここでちょっと、図3-15から16分音符単位で変拍子の拍数の並びを見てみましょう。

3、2、3、3、4、2、3、3、4、3、3、5、（以降譜面外）4、3、4、5、5,…

残念ながら、数列に意味はなさそうです。フィボナッチ数列やユークリッド・リズムにも当てはまらなさそうでした。科学や数学に基づいたリズムではないようです。やはり、作曲家の頭の中に本能的に湧き上がってきたリズムなのでしょう。

3.5.3　3×2は6、2×3も6 ～ ポリリズム

拍子の妙技といえば、**ポリリズム（複合リズム）**による音楽が挙げられます。複数の異なるリズムを同時に演奏することなのですが、インドやアフリカを始め世界の民族音楽にはよくあります。複数のリズムが同時に重なることで音楽の周期性の知覚がかき乱され、時に一種のトランス感を出す効果があります。ポピュラー音楽においても、テクノポップのユニットPerfumeのその名もずばり『ポリリズム』があります。また、1978年の円広志『夢想花』の「とんでとんでとんで…」や、スコット・ジョプリン『ジ・エンターテイナー』などなどが挙げられます。

クラシック音楽にもポリリズムの音楽があって、その一例として図3-16左に挙げたのはラヴェルの弦楽四重奏曲第2楽章です。メロディのファースト・ヴァイオリン（Vn.1）の3/4に伴奏の6/8が同時に演奏されます。どちらも8分音符6つであるので6/8拍子は3＋3、3/4拍子は2＋2＋2という譜割りになります。どちらも8分音符6つで同じ長さなのですが、リズムの感じ方が違いメロディの3拍子と伴奏の2拍子が絡み合う面白い効果があります。

このポリリズムはアフリカやインド、インドネシアあたりの民族音楽が発祥とも

図3-16　ポリリズムの例。ラヴェルの弦楽四重奏曲第2楽章（左）とインドネシアの杵つき曲（右）より

いわれています。単一旋律や自由リズムの文化である日本人には得てして演奏が難しい部類に入るのですが、それらの地域の民族集団においては、このような複雑なリズムを叩けるということはミュージシャンとしての名人の証でもあるようです。図3-16右にある譜例はインドネシアの杵つき曲のポリリズムですが、特に5段目のリズムなどは音符を見てパッとすぐに叩ける人は少ないのかと思います。そして、このような複雑なポリリズムは人々の興奮と覚醒を呼び起こすといわれています。

なお、ヨーロッパ音楽においても、ルネサンス期までは複数声部で別々の拍子で歌う曲が作曲されており、ポリリズムの音楽はそう珍しくはありませんでした。

もし、読者の皆さんの中でポリリズムの音楽を作ってみたい！という方がいらっしゃいましたら、拍子は6、8、12、16といった2や3で割り切れる数字を使うとよいでしょう。組み合わせるリズムのパターンが数多く作りやすく、また演奏者にとっても比較的体になじみやすくノリやすいと思います。また、ポリリズムの拍子の分割のしかたについては数学の組み合わせ問題として考えても面白そうです。

最後に、リズムのトリッキーな使い方の有名な例として**ヘミオラ**を挙げておきます。これは3拍子を2拍でつなぐリズムになり独特な躍動感が得られます。シューマンの交響曲第3番『ライン』、クライスラーの『愛の喜び』『愛の悲しみ』（図3-17）などなど、曲の例はたくさんあります。

図3-17　ヘミオラの例。クライスラー：『愛の悲しみ』より

Fritz Kreisler: Liebesleid

3.5.4　無拍子と付加リズム

『春の祭典』のように変拍子の複雑さがエスカレートしていくと、そもそも4/4や3/8などのように楽譜に拍子を書く必要性や意味が薄れていきます。いわゆる拍子のない、文字通り「無拍子」の音楽です。

20世紀のフランスの作曲家オリヴィエ・メシアン（1908-1992）は著書『わが音

楽語法』[5]で、彼が用いたリズムと拍子の拡張理論を説明しています。その中で、先ほどのストラヴィンスキーの『春の祭典』に見られる激しい変拍子の音楽が、無拍子の世界への導入だと述べています。しかし、ただ単に無秩序に変拍子にするのではなく、メシアンはそこに新たにルール（システム）を作りそれに基づいた作曲手法（アルゴリズム）を自書に記しました。

メシアンの行った無拍子の方法は、短い音価の音符を付加する方法で、これを添加価値と呼びました。メシアンの代表曲の一つ『世の終わりのための四重奏曲』（1940）では、この添加価値による無拍子の音楽が見られます（図3-18）。この四重奏曲はメシアンが第二次世界大戦中にドイツ軍の捕虜になってしまったときに獄中で書いた作品です。四重奏といっても弦楽四重奏ではなく、その収容所にあったクラリネットとヴァイオリン、チェロ、あとから持ち込まれたピアノによる、4つの楽器のために書いたものでした。

図3-18　メシアン：『世の終わりのための四重奏曲』第6曲「7つのトランペットのための狂乱の踊り」より

Quatuor pour la fin du temps
Music by Olivier Messiaen
Copyright © 1942 by Editions Durand
All Rights Reserved. International Copyright Secured
Reproduced by kind permission of Hal Leonard Europe Srl *obo* Editions Durand

メシアンの添加価値による方法は、等しい間隔で進む音符のあるところに半分の長さを付加します（図3-19）。

図3-19　メシアンの添加価値の例

この例では3つ目の4分音符に8分音符が付加され、付点4分音符にされています。

図3-20 　長さを2倍、4倍にした例

逆に引くことも可能です。また、付加したリズムを拡大や縮小することができます。長さを2倍や4倍に拡張すると図3-20のようになります。この長さの拡大・縮小は、バッハの音楽のような対位法ですでに用いられる作曲方法で、ある旋律を2倍にしたり1/2にする方法は常套手段でした。メシアンはそれと同様に添加音に対しても拡大と縮小をルールに加えたのです。

　図3-20の譜例の3つの音からなるリズムをよく見ると、左端の3つは「8分音符＋付点8分音符＋8分音符」となっていますね。前から進んでも後ろから進んでも同じリズムです。ひっくり返しても同じ音型で、「トマト」や「しんぶんし」のように回文と同じですね。このリズムを**非可逆リズム（非逆行リズム）**といいます（図3-21）。これに対して、可逆リズムは逆にすると別のリズムになることをいいます。一瞬、用語の使い方が逆のようにも聞こえますが、非可逆とは逆にしても意味がないということを示しています。

可逆リズム（逆にすると別のリズム）　　　　非可逆リズム
→対位法的作曲法　　　　　　　　　　　　（逆にしても同じリズム）

図3-21 　非可逆リズムの例

3.5.5　ユークリッド・リズム

　単調なリズムはすぐ飽きてしまうし、複雑だとリズムにのれない。音楽において、当たり前ですがリズムの良し悪しは曲の印象に大きく影響します。

　ユークリッド・リズムは、複雑なリズムに聞こえるけど周期的なパターンがあり、それでいて何か魅力的で有機的なリズムパターンが生成できる方法として用いられることがあります。また、世界の民族音楽の中にもこのパターンに当てはまること

があるそうです。

　以下、少しだけ算数の話になりますが、2つの自然数の最大公約数を求める方法に**ユークリッドの互除法**があります。大きい数字aを小さい数字bで割り算をして余りcを求め、次に小さい数字bを余りcで割っていき、その余りがゼロになるまで繰り返す方法です。

　例えば、16と6を例に取ると、

　　①16÷6＝2余り4

　　②6÷4＝1余り2

　　③4÷2＝2余り0　→おしまい

このときの最大公約数は最後に割った値の2となります。

　それで、ユークリッド・リズムとは、このユークリッドの互除法を活用して生成されたリズムを指します。ユークリッド・リズムのアルゴリズムがやりたいことは、強拍のタイミングをできるだけ全ビート数の中に均等に置くことと、パターンの反復性をなるべく保つことです。

　今、強拍の数を6、全ビート数を16とします。これを$E(6, 16)$と記すことにします。強拍を1、弱拍を0で表すと、全16ビートのうち強拍を左に、また弱拍を右にそろえて並べると6個の1と10個の0が次のように示せます。

　　［1111110000000000］

　まず、強拍の1に対して弱拍の0を同じ数配分します。すると、6つの［10］のペアと4つの［0］の余りができます。

　　［10］［10］［10］［10］［10］［10］［0000］

　さらに、余りの［0000］をできるだけ強拍に均等に配分、すなわちここでは前の4つの［10］に配分してあげると、

　　［100］［100］［100］［100］［10］［10］

となり、配分できなかった残りとして［10］が2つできます。さらに、この余りの［10］を配分して、

　　［10010］［10010］［100］［100］

となります。

　こうして、1と0の強弱パターンがなるべく均等になった（かつ前に寄せた）反復も加味したリズムができます（図3-22）。

図3-22　E(6, 16) のユークリッド・リズム

ここで、ちょっと数列の一部の順番を変えてみましょう。

[**100**][10010][10010][100]

最後の100を前に持ってきました。これは循環させた（rotate）リズムでネックレスといわれます。よく見れば開始点が変わっただけに過ぎないので、全体としてのリズムは同型です。

このユークリッド・リズムは世界の民族音楽に一致していることもあり、民族音楽のリズムがこの理論で説明できるかもしれないということで注目を受けました。例えば、E(5, 8)は[10110110]となり、これはキューバのシンキージョに当てはまり、またE(4, 9)は[101010100]でトルコのアクサクに、E(7, 12)は[101101011010]で西アフリカのベルに、などなどいくつかの民族音楽のリズムに当てはまるということが指摘されています。

3.6　音楽における1/f ゆらぎ

近年、注目されている**1/f ゆらぎ**と音楽について考察してみましょう。ろうそくの炎のまたたきは1/f のゆらぎに近いといわれています。音楽のリズムでいうと、私たちが打つ手拍子のタイミングにはゆらぎ（誤差）があって、メトロノーム通りの等間隔に対しての誤差は1/f のゆらぎの性質を持っているといわれます。この1/f ゆらぎは、小さいゆらぎほど頻度が多く、大きなゆらぎほど頻度が少ないという性質があります[6]。

3.6.1　1/f ゆらぎの意味するところ

時間と共に変化するある事象の変動量（時系列データといいます）を波形とみなしてフーリエ解析するとスペクトルが得られます。例えば、音を例に取ると、空中の圧力変動は時間と共に推移する時系列データでして、これをフーリエ解析するとパワースペクトルが得られます。ヴァイオリンの音波ですと図3-23のようになり、

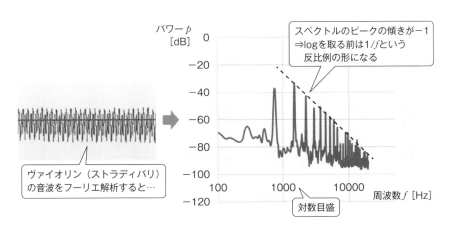

図3-23　ヴァイオリンの音波とフーリエ解析によるパワースペクトル

パワースペクトルのピーク値をたどると傾きが負の近似線が描けます。ある時系列データをスペクトルにしたとき、この傾きが−1になるような場合を1/ƒゆらぎと呼んでいます。

　ところで、1/ƒゆらぎの1/ƒとは何のことでしょうか？　1/ƒという式の由来を見てみましょう。

　パワースペクトルをグラフに表すとき、縦軸と横軸を**対数目盛**という10のべき乗（累乗）の目盛にします。横軸の周波数ƒは目盛は1、10、100、1000と増えていきます（ちなみに、1、2、3、4、5…と増えていくのは**線形目盛**といいます）。縦軸のdB（デシベル）は、すでに対数を取った値ですので、20、40、60と線形に増えていますが、元のパワーは指数的に増加していることになります。

　でも、図3-23のように対数軸で示したグラフの傾きが−1だとなぜ1/ƒと呼ばれるのか、まだピンときませんね。ここで、高校数学のおさらいをしましょう。周波数ƒ、およびパワーpを変数とすると、両軸が対数目盛であることを考慮して図3-24の左のグラフのように両辺はlogとなり、

$$\log p = -1 \times \log f$$

という式になります。右辺は、

$$\log p = \log f^{-1} = \log (1/f)$$

※ƒの−1乗は1/ƒ。

両辺のlogを取ってpとƒのグラフにすると図3-24の右のように、

107

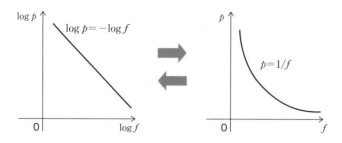

図3-24 対数目盛の傾き－1は反比例のグラフになる

$$p=1/f$$

となり、1/f という式が見えてきました。結局のところ反比例の関係であることが分かります。

先ほどの図3-23に戻ると、ヴァイオリン音のパワースペクトルは傾きが－1でfとpの関係は1/fであることから、「このヴァイオリンの音色は1/fゆらぎである」という言われ方をすることがあります（ただし、すべてのヴァイオリンの音色が1/fというわけではないです）。

3.6.2　音楽における1/fゆらぎと心地よさ

さて、音楽における1/fゆらぎと呼ばれる現象について考察してみましょう。おそらく次の2つに分けて考えられるでしょう。

①パワースペクトル（周波数軸）

②リズム（時間軸）

①のパワースペクトルはある時刻における音色を表し、②のリズムのゆらぎはメトロノームのような正確な周期からのずれです。

①については、クラシック音楽では多くの楽曲で見られる傾向です。弦楽器やピアノなどの音源（普通に演奏された場合）をスペクトル解析すればだいたい傾きが－1になります。ただし、ギーギーとヴァイオリンをひっかいた音や打楽器のガジャーンという音などは違います。また、ヘヴィメタルやテクノ・ミュージックのように電気的にディストーションをかけた音楽では、ノイズ成分である高周波成分が多くなるためスペクトル解析の結果は－1ではなくなります。モーツァルトかどうかといった作曲家による違いというより演奏法や楽器の音色の問題です。

②については、人が演奏するときのリズムはコンピュータや機械ではないですから、上述の手拍子の例のようにゆらぎがあります。一定のリズムを叩こうとすると、メトロノーム通りのジャストのタイミングからのずれは、ずれが小さいときの回数が多く、ずれが大きくなるときの回数は少ないと思われます。音楽の演奏においても、演奏者は一定のリズムで弾くように心がけますが、コンピュータではないのでゆらぎはあります。

ここで、ちまたで時折ささやかれる「モーツァルトの音楽には1/fゆらぎがあるから癒される」といったモーツァルト神話について考えてみましょう。パワースペクトルによる音色の観点では、演奏に使用しているよい楽器で上手なプロによる演奏であれば、別にモーツァルトでなくてもよく、ハイドンでもシューベルトでも傾きが−1のスペクトラムになるはずです。そして、リズムのゆらぎにしても、モーツァルトだから特別な時系列のゆらぎがあるわけではないのです。強いていうなれば、モーツァルトに限らずウィーン古典派やバロック期の楽曲にあるような調性音楽が上品に演奏された結果、音色が傾き−1のパワースペクトルを示し（①）、また、テクノ・ミュージックや電子音楽のような機械的ではなく、人間による演奏がゆえに生じるテンポのゆらぎがあるので（②）、結果、クラシック音楽には心安らぐ1/fゆらぎが観測される、ということと考えてよいでしょう。

3.7 ウィンナー・ワルツのタイミング

ウィンナー・ワルツの3拍子といえば、クラシック音楽ファンの間ではウィーン・フィルの専売特許のようになっています。1拍目が強く2拍目が前のめりに詰まっているような、**ズ**ンチャッチャのリズムです。日本人の演奏者がいくらまねをしても本場の雰囲気は出せないといわれています。

じゃあ、ということで実際にウィンナー・ワルツの3拍子がどんなタイミングなのか実際に測ってみました。曲はヨハン・シュトラウス2世の『ウィーンの森の物語』からです。演奏は1983年マゼール指揮で、演奏しているオーケストラはもちろんウィーン・フィルハーモニー管弦楽団。このCD音源のスペクトログラムを求めて、伴奏がどのようなタイミングで演奏されているのかを調べてみました。

なお、スペクトログラムの計測に使ったアプリはAudacityで、強さの計測にはPraatという音声言語処理のアプリを使いました（どちらも無料でダウンロードで

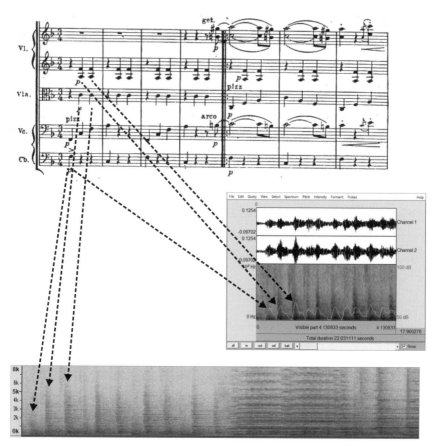

図3-25 『ウィーンの森の物語』のスコア（出典：London: Ernst Eulenburg, n.d.）とスペクトログラム（Audacity使用）、インテンシティ（Praat使用）。スペクトログラムは横軸が時間、縦軸が周波数で、白い箇所の音圧が高い。右図のインテンシティは白のライン

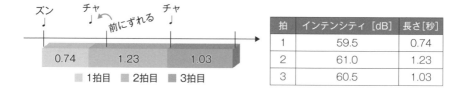

拍	インテンシティ [dB]	長さ[秒]
1	59.5	0.74
2	61.0	1.23
3	60.5	1.03

図3-26 ウィンナー・ワルツの拍の平均長さ（1.0を等時としたときの長さの比率）

きます)。リズムのタイミングは、図3-25のように伴奏している楽器音の立ち上がりとしています。また、音の強さであるインテンシティは各拍の最大値としています。

ウィンナー・ワルツの3拍子のズンチャッチャのリズムにおいて、低音であるチェロ・バスの1拍目の「ズン」のタイミングから次の2拍目・3拍目の「チャッチャ」タイミングの平均値を図3-26に示します。この演奏では、2拍目は約23％分だけ前に出ていることが分かります。ただし、この比率は、曲によっても変化し、伴奏によっても変わります(詳細については巻末に記した筆者の研究発表[7]を参照)。

また、各拍の音の強弱については、通常、クラシック音楽では特にアクセント記号による指示がなければ1拍目が強くなります。表の値は図3-25に示す『ウィーンの森の物語』の導入部分の音源から計測した平均値です。ただ、実際の演奏はもっとバリエーション豊富でかつフレキシブルで、例えば、ワルツの始まりはより2拍目が強調されたり、メロディが始まる前ではメロディを引き立てるために少しディミヌエンド(小さくしていくこと)したりしていました。などなど、このように音響学の観点から数字で分析してみると、伝統的お家芸のウィンナー・ワルツの特徴が浮き彫りになって面白くはないでしょうか?

もう一つ、実演奏のテンポの計測例として、モンティの名曲『チャールダーシュ』のアッチェレランド(accelerando)の速度変化を図3-27に示します。「チャールダ

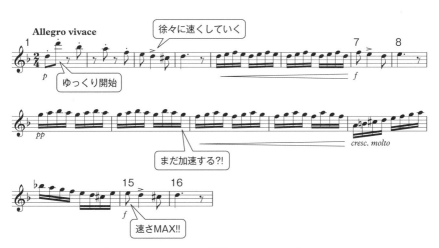

図3-27　モンティ:『チャールダーシュ』の旋律とテンポアップの例

表3-4　ハンガリーのジプシーバンドの奏者による『チャールダーシュ』のテンポ変化（BPM ♩＝）

奏者（バンド）名	1-3小節目	7-8小節目	15-16小節目
S	150	159	164
H	181	188	201
L	184	202	252

ーシュ」はハンガリー語で酒場風の意味で、その哀愁ある旋律もよいのですが、奏者のアドリブによる速度変化も見せ場の大変人気のある曲です。ハンガリーのジプシー音楽といえばコレといわれるほど有名曲なのですが、実は作曲者のモンティはイタリア人なのです（『チャールダーシュ』以外の曲はほとんど知られていない一発屋！）。元はマンドリンの曲でしたが、今はいろんな楽器や編成で弾かれ、特にヴァイオリンでは人気のレパートリー曲となっています。

　さて、表3-4はいくつかのヴァイオリン奏者（バンド）のテンポアップの比較です。実に十人十色で、また、同じ演奏者でもその時々によって変わるのでしょうが、ゆっくりからググっと加速していくタイプや最初からフルスピードのタイプなどがあるようです。

　以上、ウィンナー・ワルツとチャールダーシュを例に取って音楽の音響学的分析を紹介しました。

　でも、読者の皆さんの中には、こういったテンポの実測をしてどうするの？という疑問があるかもしれません。

　これらのように感覚的な演奏や表現を、具体的な数値で示したり（**定量的分析**という）、また、傾向や特徴を見つけたり（**定性的分析**という）することは、音楽に関係する楽器や製品、さらには教育といった分野に役立つのです。例えば、電子ピアノやエレキ・ヴァイオリンなどの楽器の音色改善や、DTMやMIDIの音源の再生をより自然で、人間らしく、そしてお洒落にすることができるのです。先ほどの、3拍子のワルツの打ち込み音源が、機械的でなく本当のウィーン・フィルが演奏しているような音源になったら素晴らしくはないでしょうか。

3.8　ノリやグルーヴ感って何だろう

　リズム感がよい悪いということは、拍（ビート）を規則正しく叩けているかどうか、または譜面に書かれたリズムをタイミングよく演奏できるか、といった尺度で

判断できるので、ある程度、数字により定量的・定性的に測定が可能です。

　ところが、ノリがよいとかやグルーヴ感がある、ということになると、これはなかなか説明が難しい問題です。テンポや発音なども影響しているようです。**グルーヴ感**はクラシック音楽ではあまり使われませんが、ポップスやジャズなどのジャンルではノリに近い使われ方をしていて自然に体を動かしたくなる感じや高揚感が付随する様子を指します。

　そもそもリズムが正しく演奏できてなければ、ノリの良し悪しところではないですが、逆にデジタルピアノやパソコンなどで電子的に1ミリ秒たりともブレないリズムを出力しても（いわゆる打ち込み）、その音楽はいかにも機械的で、やっぱり生演奏の醍醐味に比べればちょっと物足りない感じがするかと思います。ちょっとした演奏者の作り出すゆらぎや、発音のニュアンスやイントネーションが心地よさを生み出しているようです。しかし、定量的・定性的な研究成果はまだ少ないです。

　近年、グルーヴ感をドライブ感とレイドバック感に分けて考察した研究結果[8]があります。ドライブ感は、表拍にハイハットのアクセントを付け、スネアの打叩タイミングをジャストから10msから20ms前に逸脱させることによって最も強く感じられます。一方で、レイドバック感は裏拍にハイハットのアクセントを付け、スネアの打叩タイミングをジャストから20ms後に逸脱させることによって最も強く感じられる、という結果が報告されています。なお、このずれの間隔が30msを超えるとリズムとして違和感になるようです。

　ノリにもいくつか種類があります。音楽に合わせて体が動くとき、その動作が縦に跳ねる方が合っているか、はたまた横にゆれる方が合っているかということで、それぞれ**縦ノリ**や**横ノリ**といわれています。以下は、いろいろな演奏家や学生と話をする中で聞いた意見ですが、縦ノリはパンクやロックに多く感じ、いわゆるヘッドバンキングという激しく頭を前後に振っているノリで、表拍に強いアクセントがあるのが特徴で、引き締まっている感やシャープな感じがする音楽が多いのではという意見がありました。一方、横ノリはジャズ・ワルツやソウル、R&Bなど、やや落ち着きやゆったりした感がある音楽に見られるのでは、とのことでした。

　しかし、上記の感想は個人差があるので何とも断定できず、筆者も学生と共にテンポや拍の強弱を変えて曲を複数作って実験をしてみたのですが、左右に体が動く人もいれば、縦に頭を振るように縦ノリでもいけるという人もいました。なぜ縦ノリ・横ノリの違いが生じるのか？ 明確な理由は見つかっていないようです。曲の

テンポやパーカッションを叩く音量やアタック、スピード、テンポなどに影響がありそうな気がしますが…この話題を音響学や音楽情報学の研究者、演奏家の方々に聞いてみましたが、やはり意見は分かれ、皆さんこれといった法則は今のところ分かっていないようです。

　もう一つ、ノリには**前ノリ**と**後ノリ**という用語もあります。これは、等間隔に刻まれた拍のタイミングに対してメロディが前のめりだったり、溜めがあったりといった感覚で表現されるようです。

　最近、ジャズのノリについて、著名なジャズミュージシャンの録音から数値的に分析された結果が公表されています。井上の著書[9]によると、ノリを説明するのに遅れ値、ハネ値、裏拍値の3つとその組み合わせであるタイミング値を定義しています（図3-28）。遅れ値は、ソロがベースの表拍からとれだけ遅れているかの比率を表し、例えばベースの1拍が0.5秒間で、ソロの演奏がベースから0.1秒遅れていたら、0.1/0.5＝0.2拍遅れと計算します。ハネ値は、8分音符が2つつながっている音型があったとき、1つ目の8分音符から2つ目の裏拍にあたる8分音符までの間隔です。ハネ値＝0.5は、均等な8分音符を意味していて、0.67であれば約2/3ですから3連の♩♪になります。裏拍値は表拍から2つ目の8分音符の間隔です。

図3-28　遅れ値、ハネ値、裏拍値（井上、2019の定義）

　また、1930年代から40年代におけるスイング・ジャズの頃はこの遅れ値が小さく、タイミングが遅めのレスター・ヤングでも0.1の遅れで、多くはむしろマイナス値を取り、すなわち前ノリに近いことが分かっています。裏拍値は0.7付近なのでおおよそハネ方は3連符に近いとなります。それが、40年代後半のビバップの巨匠チャーリー・パーカーになると、遅れ値が0.2以上で裏拍値も0.8と、かなり後ノリであるとのことで、このタイミングのずらしはそれまでになかった革新的な演奏だったとのことです。他にもクール・ジャズのリズムの比較なども行われており、ジ

ャズのジャンルや時代の聞き比べにもつながりファンには興味深い解析がなされて
います。

1
2
3
4
5

3.9 リズムのおもしろ体験

ここまでテンポやリズムを客観的に計測した例をいくつか示してきました。より
よい演奏をするには、いっぱい音楽を聞いてたくさん練習して感覚的に体得するこ
とがもちろん大切ですが、一方で、客観的に数値で音楽を観測して理解を深めるこ
とも現代の音楽理解のアプローチになりつつあると思います。主観的な感覚では気
づかなかった新たな発見があるかもしれません。

さて、ここでノリやテンポのゆらぎを体験する音源とプログラムを用意しました。
下記のリンクから音源を聞くことができます。

▼第3章の音源のURLとQRコード

https://gihyo.jp/book/rd/c-music/chapter3

3.7節で『チャールダーシュ』のテンポ設定の計測の話をしましたが、テンポが
一定の場合と、テンポアップした場合（表5-4のゆっくり始めるバンドSと高速パ
ターンのバンドL）のMIDI音源をウェブサイトにアップしています。やはりテン
ポが一定だとあまり面白くなく、テンポがアップするとより本物っぽさが出てくる
のが分かります。この音源は市販の楽譜作成ソフトを使って音符を入力し、BPM
をアッチェレランドにより変えて作成しました。

このように楽譜ソフトに音符を入力しMIDIデータに出力することで音源が作れ
ます。しかし、3.7節のウィンナー・ワルツや3.8節のジャズのノリのように、楽
譜に記載しづらい微妙なタイミングのずれのある音源を作るには市販のソフトでは
限界があります。そこで、プログラムにより数値を指定して任意のタイミングで音
源を作る方法があります。

Windowsでは C言語のプログラム用にスタンダードMIDIファイルを作成する
ライブラリが公開されています。そのライブラリを使ってウィンナー・ワルツのタ

イミングをずらした音源をウェブサイトにアップしました。またそのプログラムも公開しています。さらに、そのプログラムを応用して3.6節の1/fゆらぎや3.8節のノリについての実験も可能ですので、ぜひ挑戦してみてください。

第4章

メロディ

この章では、メロディが脳のどこでどのように処理され記憶されるかといった認知科学や脳科学に始まり、メロディを作る基礎となる理論の対位法を説明します。また、メロディの情報科学による研究についても紹介します。

> ## 4.1　売れるメロディを作るには？

　昔聞いた懐かしのメロディ、感動的な美しいメロディ、わくわく興奮するメロディ。お風呂で思わず鼻歌でルンルン♪…皆さんそれぞれ記憶に残っているメロディがあると思います。

　なぜそのメロディは記憶に残るのか。いくつかの要因はあると思います。作曲に関する本を読むとそういった記憶に残りやすい曲作りのコツが示されていて、おおむね次のことが書かれています[1]。

　まず、シンプルであること。覚えやすいメロディのためには、リズムや音符の上下行が複雑で難しいと覚えられませんので、ある程度シンプルであることです。

　また、反復性があること。メロディが脈絡なくコロコロ変わってしまうと聴衆に覚えてもらえません。魅力的なフレーズが思いついたら、それを反復させたり似たフレーズを続けるなどをして印象付けるとよいとされます。中には、キャッチーな短いフレーズを何度もしつこく聞かせて強い印象を与えている曲もあります。その場合は、本当に飽きてしまわないように元のメロディにさりげなく変化を入れたり、ここぞというときに跳躍や転調を使ったり、伴奏やリズムを変えたりするなど聞き手を曲の最後まで引きつける工夫がされています。

　そして、曲の盛り上がりをどう作るか？ということもポイントです。

　一般的にいわれるセオリーとして、最も高い音はメロディの終盤に配置します。そうすると自然と盛り上がりが作れ、最後でうまくおさまりがつくメロディになります。この原則は伝統的な作曲技法の対位法でも推奨され、今日のポップスにも当てはまり作曲の解説本にも書かれていたりします。

　曲の前半であるAメロより、後半のサビの方の音域を高くすることで、曲の盛り上がりと感動を引き出す効果が作り出せます。これが逆に、Aメロの音域が高く、サビで音域が低くなってしまうと盛り上がった感じがしてきません。メロディ自体は美しくても、なんか残念な曲になります。かといって、ずっとテンションMAXを狙いたくて高音域ばかりを使っても、肝心のサビの盛り上がりが際立ってきません。バランスやメリハリが大事ということになります。

　長年歌い継がれている名曲を聞いてみると、確かに歌いやすくシンプルなメロデ

ィであること、メロディに反復性があり、曲の頂点を後半（サビ）や最後に持って
くることが多いです。感情の起伏は音楽の音高との関連がありそうです。低い音で
は心が落ち着き、高い音では高揚感を感じるものと考えられます。

　ただし、これらの法則が絶対でないことも確かです。よいメロディを作る黄金法
則というのは科学的には分かっていないのが現状です。筆者もポップスやクラシッ
クの有名曲のメロディパターンを分析してきましたが、これといったヒットするメ
ロディの黄金法則は出てきていません。さらに、音楽がヒットする理由には、純粋
に音符やコードの並び方の記号的なパターンだけでなく、歌詞の内容であったり、
歌手の声色であったり、時に映画やドラマ、CMとのタイアップなど様々な要因が
あり、そんなに単純ではありません。

4.2 音楽と脳

　本節では、メロディが脳で処理される仕組みや、音楽を聞いて感動する仕組みに
ついて、認知学や心理学、脳科学、情報学のそれぞれの視点から横断的に見てみま
しょう。

4.2.1 脳のどこでメロディを感じるのか

　音は空気の圧力振動であるということを第1章でお話ししました。空気中の圧力
振動は耳介（耳たぶのこと）で収集されて鼓膜をゆらします。そして、内耳の蝸牛
で電気信号に変換され、脳幹を通り側頭葉の一次聴覚野と呼ばれる部位に送られま
す（図4-1）。

　蝸牛から伝わってきた信号は、延髄にある蝸牛神経核で定常的な音の知覚（開始・
持続・終了）がなされます。そして、上オリーブ核では左右の耳から入ってきた音
の位相差や強度差により空間認識がなされます。さらに、中脳にある聴覚系の部位
である下丘では音の振幅変化と周波数変化を検出する神経細胞があり（AMニュー
ロンとFMニューロン）、入力音の音量やピッチ変化といった非定常性が知覚されま
す。大脳に達した信号は内側膝状体を通り側頭葉にある聴覚野に伝わります[2] [3]。

　以上が、耳から脳までの音の刺激が伝わる**聴覚神経系**といいます。そして、側頭
葉のうち横側頭回という場所に位置する聴覚野は、前側が一次聴覚野（ヘッシェル
回）、後ろ側が二次聴覚野と呼ばれます。音楽の脳内の分析はこの一次聴覚野で聴

覚情報を受け取り、より複雑な処理は聴覚連合野という部位で行われることが分かっています。

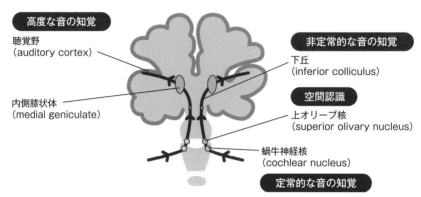

図4-1 聴覚神経系の概略図

4.2.2 メロディの認知構造

　私たちは音が耳から脳へ伝わったとき、音の信号を何かしらの体系化をして理解しようとします。1.4.1項で例を挙げたように、脳内では連続的な音の信号からパターンやまとまりを見つける**群化**を行い、その群化された意味のあるまとまりを**ゲシュタルト**といいます。

　ゲシュタルトを形成して理解するには、脳における短期記憶を利用します。この脳の短期記憶について、次のようなちょっとした面白いテストがあります。

　ある意味があって群化できる文字列は覚えやすいですが、意味のないランダムな文字列は記憶しにくいといえます。例えば、

　　AKIHABARAEKI

という12のアルファベット文字列をぱっと見せられたあと、何と書いていたか紙に書き取るテストをしたとします。たぶん、だいたいの人はできると思います。「秋葉原駅」とアルファベットで書いているのですが、この文字列には意味があり脳内にある知識に合致するからです。ところが、この文字列を入れ替えて

　　IAKHAABRAEIK

とした場合、同じ文字数・文字種なのですがはたして何人の人が正確に

書けるでしょうか。

　音楽においても、ゲシュタルト原理に基づき耳から入ってきた音列のピッチをドレミという音律に当てはめ、それが線的な流れでパターン化された音列と認識したときにそれをメロディラインとして知覚します。また、音列のタイミングが周期的な強弱パターンを持っていると認識したときに拍やリズムとして知覚します。このように、脳にインプットされた信号や刺激に対してゲシュタルト原理によりメロディとリズムを聞き取り、その断片からより大きな構造へ体系化することでフレーズや楽曲、形式といった高次の音楽理解へとつながっていきます。

　だから、音高やタイミングがランダムのように聞こえる音楽（例えば、第5章で紹介するような現代音楽など）は、ゲシュタルトが形成できずメロディラインやリズムが感じられないため、記憶にも残りづらい音楽となるわけです。

　さて、音列の群化について具体的な譜面でもう少し詳しく見てみましょう。

　図4-2のように時間軸に沿って音列の群化を行うと、音の連続性や区切れ、強弱、アーティキュレーション、反復、音色などで群の区切れやかたまり（チャンク）を見つけることができます。これは時間的な近接関係や同類性といいます。このように、時間的なまとまりやパターンから拍節構造や拍子を認識することを**拍節的体制化**といいます。

　一方、時間軸に垂直な群化、すなわち和音や楽器・パートに対する群化については、**音脈分凝**（ストリーミング）といわれ、同時に鳴っている音の音色を元に楽器

皆同じ調子だと、拍が分からずモヤモヤ…

かたまり（チャンク）

スラーやスタッカートで区別　　　これは 2/4 拍子だね！

アクセントや反復音型で区別　　　これは 6/8 拍子だな

図4-2　時間軸に沿った群化（拍節的体制化）

や声部（パート）を分離していて、それぞれのメロディラインを識別します。ヴァイオリンが旋律を弾き、伴奏としてピアノが和音を刻んでいるなどという分離です。

　ところが、同じ楽器同士ですとこの分離がうまくいかないときがあり、1つのメロディラインのように聞こえてしまう**音階旋律の錯覚**という現象が起きます。この効果を体験できる有名な曲としてチャイコフスキーの交響曲第6番『悲愴』の第4楽章の冒頭が挙げられます。

　図4-3はファースト・ヴァイオリン（Vn.1）とセカンド・ヴァイオリン（Vn.2）のパートを抜き出したものですが、それぞれの旋律線はギクシャクしていて、しかも増音程・減音程による跳躍進行が多くて弾きにくい旋律といえます。ところが、ファーストとセカンドを同時に弾くと、2本の滑らかな下行音階のメロディとして知覚されます。

図4-3　音階旋律の錯覚（チャイコフスキー：交響曲第6番『悲愴』第4楽章より）

　なぜ、チャイコフスキーはわざわざ弾きにくく分離して配置したのでしょうか。『悲愴』という曲の感じを出すために、重く悲しく歌わせたいがために簡単で弾きやすい下行音階にしなかったのかもしれません。演奏の経験上から思う筆者の勝手な想像ですが、跳躍する音程のときに、特にチャイコフスキーのようなロマン派の音楽では、多少のポルタメント（跳躍する音符間に起きるグリッサンドに似たピッチのにじみのようなもの）やほんの少しのタイミングの遅れ（溜め）が生じます。そのポルタメントと溜めを含んだ演奏が情感を出す効果につながっていると思われます（あえて例えるなら演歌にも見られるずり上がり／ずり下がりや間のようなもの）。

　ということで、実際に二人のプロのヴァイオリニストに図4-3の両方を弾き比べていただきましたので、そのスペクトログラムを見てみましょう。図4-4の上のグラフは元のチャイコフスキーの書いた楽譜通りに演奏した結果です。下のグラフはギクシャクの旋律線をあえて弾きやすい普通の下行音階に直して演奏した結果です。

上のグラフを見ると、まず左端でF#（Vn.2）とB（Vn.1）のピッチが観測されています（波打っているのはビブラート）。○で囲ったところが音の跳躍するタイミングで、前後の音をつなげるようなピッチの斜め線（ポルタメント）が観測されています。特に3拍目のVn.2のE#→Bのずり上がるポルタメントとB→Eへの下へのポルタメントがよく見て分かります。一方、下のグラフに示す普通に音階として弾いた場合は、このポルタメントは少し見られる程度です。

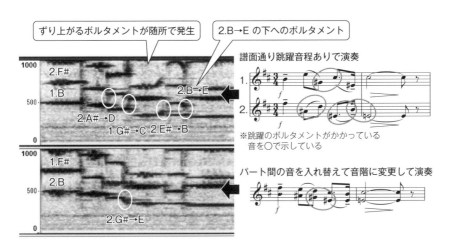

図4-4　楽譜通りに分離して弾いた場合（上）と単純に下行音階で弾いた場合（下）のスペクトログラム

一方、これとは逆に、1つの楽器によるメロディが、時に2つのメロディラインとして聞こえる分裂の現象もあります。これは、3度以上の音程差があり比較的速く交互に演奏されたり分散和音であったりするときに、飛び飛びの音がメロディとしてつながって聞こえる現象です。図4-5はバッハの無伴奏チェロ組曲第1番「プ

図4-5　メロディの分裂。下段のように動く音が別の旋律線のように聞こえる（バッハ：無伴奏チェロ組曲第1番「プレリュード」より）

レリュード」の一部です。上段が元の音符の並びですが、これを演奏すると8分音符単位で動く旋律線とラの持続音の2つのラインに分かれて聞こえます。このような書き方はバッハなどバロック期によく使われています（他にバッハの無伴奏ヴァイオリン・パルティータ第3番など）。これは作曲家が1つの楽器で多声の音楽を表現するときに用いた手法の一つです。

4.2.3 音楽を聞いたときの快／不快を感じる脳

人間が刺激を受けてある感情（情動）が起こるとき、脳幹、視床下部、大脳辺縁系からなる**情動神経系**と呼ばれる脳の部位が反応します（図4-6）。刺激による情動が快となる場合は**報酬系**といい、逆に不快となる場合は**懲罰系**といわれます[3]。

報酬系の神経回路であるモノアミン神経系に影響がある神経伝達物質として**セロトニン**と**ドーパミン**があります。脳幹から発せられ大脳皮質から視床下部などに伝わるセロトニンは、満足感や爽快感などの穏やかな快感覚を生みます。ドーパミンは、意欲的な行動とそれに伴う楽しさや快楽感が得られるときに発せられ、中脳の腹側被蓋野から出される満足感を与える報酬系の神経伝達物質です。よい意味としてやる気や意欲につながるのですが、悪い意味では酒やギャンブルの依存症にも影響し、さらには覚醒剤の使用によりこのドーパミンが出過ぎると幻覚を起こします。また、音楽を聞いて強い感動を受けたときに時折「身震い」を感じた経験はないでしょうか。この身震いも強い快感覚を呼び起こすドーパミンの放出であるといわれています。

懲罰系の神経回路には、アセチルコリン、ノルアドレナリンといった神経伝達物質が作用し、不快感を知覚する脳の部位は、快感の部位の近くで中脳の中心灰白質、

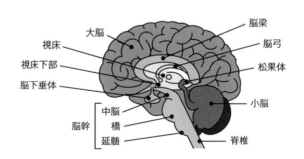

図4-6　音楽を聞いたときに関連する部位

背側被蓋野などが挙げられます。

　さらに喜怒哀楽といった感情をつかさどるのは**大脳辺縁系**と呼ばれる部位で、偏桃体、海馬体、帯状回などからなります。脳の奥にあり進化の過程では古い方に属し、生命の存続に関わり自分にとっての有害／無害、敵味方の区別をするとされます。

　神経回路は神経細胞同士が**シナプス**でつながれていて、そのシナプスでセロトニンやドーパミン、それに**βエンドルフィン**と呼ばれる神経伝達物質が作用します。エンドルフィンは脳内麻薬（内因性快感物質）と呼ばれ高揚感や幸福感を伝えるもので、神経細胞のレセプター（受容体）とシナプスをつなぎイオンを橋渡しします。このイオン伝達で快感覚の伝達が行われるのですが、快感覚の要因が収まればこの結合は外れます。ところが、覚醒剤やモルヒネがレセプターに作用すると、この結合の仕組みが壊されてしまい、いつまでも快楽感が収まらないという状態に陥ってしまいます。

　なお、これらの情動神経系は、聴覚だけではなく視覚を含めた五感に加え、さらに血液中の様々な物質に影響されるといわれます。音楽はホルモンの分泌（特にテストステロンなど）に関係するとされています[4]。よって、耳から入力された楽音は、人間の情動に関わる情報の一要因にすぎなく、感動的な音楽や心地よい音楽の解明のためには、もっと多くの要因と複雑な脳や身体の関係を調べないといけないということになりそうです。

4.3 　対位法の基礎

　メロディや音楽が脳でどのように認知されるかの概要を知ったところで、次に、実際の旋律線（メロディライン）の作曲法の原点ともいえる**対位法**の基礎を見ていきましょう。対位法の基本的内容を知っておくことは、作曲をするだけでなく、演奏を聞いたり、スコアを見たり、さらには学術的に楽曲解析や自動作曲をする際にも役に立ちます。

4.3.1　対位法とは

　クラシック音楽のCDやスコアの曲目解説を読むと、よく「ここは対位法的書法で書かれ…」といったように、何やら専門的な解説が書かれているのを見たことがあるかと思います。本書では、対位法の入門としてその仕組みを紹介します（なお、

本書では長谷川良夫『対位法』[5]に基づいて説明します）。

対位法とは、一言でいうと**ポリフォニー**による音楽を書くための作曲技法です。ポリフォニーにおける音符の横と縦の関係、すなわち旋律線と和音のルールです。

ポリフォニーとは、各パート（声部）が対等の立場で**線的な**（なだらかな、流れるような）旋律線をなして演奏される曲です。対等に動くとは、ポップスのように歌（主旋律）＋伴奏というパートの主従関係ではなく、各パートが独立していて、みんなが主役である関係を指しています。図4-7のAはバッハのフーガの例ですが、3つのパートがそれぞれが主となり旋律的に動いている例です。パート間の音は相互に関連があって、線的に流れていつつ、また同時に縦の関係も逐次、調和的な関係を成しています。

ポリフォニー音楽は第2章で説明した機能和声よりも前の時代に作られたルールです。1450年～1600年頃（ルネサンス期）は、**声楽的ポリフォニー（声楽的対位法、厳格対位法）**といわれオケゲームやパレストリーナ、ラッソ、フレスコバルディといった作曲家が挙げられます。そして、その後のバッハの活躍したバロック期になると**器楽的ポリフォニー（器楽的対位法、自由対位法）**が盛んになりました。

曲のスタイルでいうと、フーガが対位法の技法を駆使した、いわば最終形ですが、インヴェンションやカノンも対位法による音楽です。まず、学習の手始めとして対位法で書かれた音楽の雰囲気をつかんでみたいということでしたら、このような名前の付いている曲を聞いてみてください。

声楽的ポリフォニーの持つ特徴は、ポップスやロックのような明確なリズム感や、クラシックの中でも古典派やロマン派のような機能和声や段落的・韻文的な構造はありません。中世やルネサンスのポリフォニーによる音楽は散文的（継続的）で、段落区切りがなく緩やかな川の流れのようにとうとうと流れていく感じです。

ポリフォニーに対する他の音楽の形式についても触れておきます。主旋律＋伴奏のスタイルは**ホモフォニー**といいます（図4-7のB）。このスタイルはバッハの後、ハイドンやモーツァルトが活躍した1750年代くらいからはっきりとした形で表れ、交響曲や弦楽四重奏曲などを聞けばよく分かります。ホモフォニーという用語ですが、元は、同じタイミング（リズム）で各声部の音が動き重なる、すなわち和声を形成することからきた言葉です。各パートが対等で自立しているポリフォニーとは区別される音楽様式です。今日のポピュラー音楽も多くは「歌＋和声的な伴奏」という形ですので分類するならホモフォニーとなります。

もう一つ、**モノフォニー**という様式があります。斉唱ともいい、皆さんも学校で「校歌斉唱！」という掛け声で校歌を歌ったかと思います[※1]。旋律が1つしかなく宗教音楽や民族音楽に見られ、グレゴリオ聖歌や『君が代』を思い浮かべてもらえればよいでしょう。また、クラシックの作曲家の作品の中にも全員で斉唱する書き方をすることもしばしば見られ、例として図4-7のCに、モーツァルトの交響曲第40番 第4楽章の一節を挙げておきます。

ポリフォニー　バッハ：『ブランデンブルク協奏曲』第4番より

3つのパートが並列して
旋律線をなして進行している

ホモフォニー　モーツァルト：弦楽四重奏曲第15番 第1楽章より

他のパートは伴奏と和声を成す

モノフォニー　モーツァルト：交響曲第40番 第4楽章より

図4-7　ポリフォニー、ホモフォニー、モノフォニーの例

あと少々専門的になりますが、ヘテロフォニーというのがあります。モノフォニーの旋律が少し装飾やリズムなど形を変えて重なった多声音楽の一つです。民族音楽に見られ、現代音楽にも取り入れられています。

※1 校歌の多くは旋律に伴奏が付くので「斉唱」とはいっても正確にはホモフォニーです。

余談になりますが、ヘテロ（hetero-）という接頭辞は「異なる、別の」を意味しており、ホモ（homo-）「同じ、似た」と対を成します。モノ（mono-）は「単一の」、ポリ（poly-）は「複数の、重合した」という意味です。

4.3.2 声楽的対位法による旋律の書き方

始めに、1声（単声）だけで10音程度からなる短い声楽の曲を考えます。さしあたりピアノの白鍵のみ（ドレミファソラシ）の音を使うことにしましょう。ルールは次の通りになります。

- 曲の開始の音は1度、5度、4度、2度にする。
- 曲の最後の音は主音で終わる。
- 音域は1オクターブ以内で高々10度まで。
- 最高音は曲の後半に。ただし、最後の音を最高音にはしない。
- 最後だけ導音を用いる。

では、図4-8に例を挙げておきます。主音ソ（1度）から始まるミクソリディア調です（教会旋法については5.3.4項を参照）。

図4-8 対位法による1声のみの旋律（主音ソ）

器楽にくらべ声楽は音域が狭いので、旋律を作るときには音域や跳躍に気を付ける必要があります。ソプラノ、アルト、テノール、バスの代表的な4声の各声部の音域は図4-9のようになっています。バロックより前ではオクターブから9度が普

図4-9 各声部の音域の違い（左はバロックより前の音域、右は現代の和声による音域）

通で、バスは少し広く取られ、音高の上下の範囲は作曲家によって多少異なっていました。参考として現代の和声の音域も右側に併記しておきます。

4.3.3 横の関係

対位法は線的な旋律を書くために、次のように隣り合う音同士の音程を規定しています。

図4-10にいくつかの例を示しますが、基本的に音程は2度の音程にして滑らかにします（**順次進行、音階的進行**という）。順次進行ではないときは**跳躍**といい、3度はまだ自由に使ってよいですが、4度以上になると頻度を減らします。5度や6度の跳躍はなるべく少なくします。

同方向への連続跳躍は避けます。音程が上に4度以上跳躍したら、次は下行するようにします。逆に下に跳躍したら上行させます。ただし、跳躍後に隣りの音への順次進行までは許されます。なお、分散和音は15世紀や16世紀の声楽的対位法では使いません。この点はバッハ以降の器楽的対位法とは異なる点です。

図4-10　音程の推移の可否

次に、旋律を作るにあたって対位法で禁じられている隣り同士の音の関係がいくつかありますので概要を示しておきます。

・増音程と減音程

7度や8度の跳躍は飛びすぎるので使いません。また増・減音程は不良とされます（図4-11）。

図4-11　声楽的対位法における禁音程

・三全音（トライトーン、トリトヌス）

全音3つ分に相当する音程です（ファとシなど）。これを避けるためにファ→シ♭が用いられます。ただし、右の例のように音階的にシを超えていくときは可となります（図4-12）。

間に音があっても×　　シ♭にして完全4度○　　さらに上行して進行○

図4-12　三全音（トライトーン）とその対処

声楽的対位法では調性のある感じに聞こえてはいけないので（中世の音楽のように聞こえないので）、長調／短調のドミナント→トニックのような終止は避けるようにします。図4-13の左2つは和声におけるハ長調の終止の定型で、時代的にもっと後の新しい様式ですので声楽的対位法では使いません。

V⇒Iのように聞こえるので×　　　　○調性感を出さない

イオニア

図4-13　調性感のある機能和声のドミナントにならないように

これらの例のように使ってはいけない音の関係を**禁則**といいます[2]。

以上の他にも細かな約束がありますが、本書では紙面上すべてを紹介するわけにはいきませんので、詳則については参考書[5]をご覧ください。

4.3.4　縦の関係（2声と和音）

1声における横の音程の関係が分かったところで、次に、縦の関係すなわち和音のルールについて概要を説明します。

2声以上の多声になると**主拍**と**副拍**（裏拍）かどうかの区別をします。まず、図4-14のように2声同時に音が変わるときは**等時対位**といいます。

次に、図4-15のように拍の長さが2声で異なる場合に主拍と副拍を区別します（**不等時対位**といいます）。細かく分割された声部に着目すると、図4-14のようにある

※2 当時はそのように書かなかったという方が適切かもしれません。

一定の間隔で2声がタイミングを同じくするときを主拍とし、その主拍の間に置か
れ推移する音を副拍といいます。ただし、現代のように主拍・副拍に強弱のルール
はありません。

図4-14　2声による声楽的対位法（等時対位）

図4-15　不等時対位

　次に、2声の対位法における音程のルールです。曲の最初の2声の和音は、完全
1度、完全5度、オクターブのいずれかにします。完全1度（同じ音）は曲の最初
と最後のみ可能で、途中では使いません。

　以降、曲間の主拍における垂直的音程については、
協和音程：
　　完全5度、完全8度、1度、3度、6度、10度
不協和音程：
　　2度、7度、9度、増・減音程全般、完全4度
となっています。ここで、完全4度は普段聞きなれているクラシック音楽やポピュ
ラー音楽では協和音程ですが、声楽的対位法の2声においては不協和音程です。

　副拍においては、基本は協和音程とし、前後の主拍を音階的につなぐときの不協
和音程は許されます。3度以上の跳躍があるときは協和音程に限られます。

　図4-16の下の声部は、**カントゥス・フィルムス**（cantus firmus、c.f.、定旋律）
と呼ばれ、固定された旋律です。c.f.は曲中で一貫して使われ音を変えたり短縮や
拡大をしないで繰り返し出てくる旋律です。対位法の主要な目的の一つとして、

c.f.に呼応するように、または装飾的に他の声部の旋律（対旋律）を作るということが挙げられます。

図4-16　カントゥス・フィルムス（c.f.）に対する対旋律を対位法で作る

4.3.5　和音の連結の禁止事項

次に、和音の連結についての規則です。基本的な声部のつなげ方の法則があります。基本的に2声が互いに上下に反対方向に進行（反進行）、もしくは片方が同じ音でもう片方が上行／下行（斜進行）であれば問題ないということになります。

禁則の代表例を図4-17に示しますが、完全音程（1、5、8度）の並行進行と、同じ方向に上行・下行するときに後続の和音が完全5度、8度になる場合です。同じ上下方向へ完全音程に遷移することを並達もしくは陰伏といいます。

図4-17　和音遷移の禁則

なお、細かい並行音程と陰伏の補足ですが、間接的な並行や陰伏も禁止されています。例えば、2つの主拍に挟まれた経過的な副拍がある場合のように、間に別の音があっても前後の主拍の関係が完全音程になる場合は、やはり並行や陰伏となるので注意が必要です。また、跳躍しながら並行3度の進行は声楽的対位法では禁則です。

4.3.6　係留と不協和音

以上までは、主拍で2声が同時に鳴る場合でしたが、図4-18のように片方の声部が前の音符からタイで継続される場合があります。これを**係留**といいます。先述のように主拍には、3度と6度、完全5度や8度を使うのでしたが、係留音となる場合

は不協和音を置くことができます。ただし、副拍で音階的に進行して直ちに協和音へ解決しなければいけません。また、係留音の前は**予備**といいますが、こちらは協和音である必要があります。係留音の使い方に関しては第2章の機能和声と同様です。

図4-18　係留音の予備と解決

　基本的に不協和音から協和音への解決がされていればおおむねよいのですが、2度→1度（上声部が下行）や7度→8度（下声部が下行）はあまり用いられません。一方、係留音は不協和音だけでなく協和音でももちろんよく、その後に副拍に不協和音を続けて音階的に解決もできます（図4-19）。係留音が協和音なら跳躍も可能です。

図4-19　係留音のその他の例

4.3.7　器楽的対位法

　17世紀後半に生まれたヨハン・ゼバスティアン・バッハ（J. S. バッハ、1685-1750）の音楽をイメージしていただけるとちょうどよいと思います。バロック期における対位法は、これまでの調性感のない音楽から、調性がはっきりとした音楽になり、音律は教会旋法から長音階と短音階になっていきました。中でもバロック期の短音階では、上りは第6音と第7音が半音上がる旋律的短音階が使われるようになりました。声楽的対位法の原理は残りつつも音の連結や和音に自由度が増した器楽的対位法の時代となりました。

　調性感を重要視する観点から、音階の第7音は導音として解釈され半音上行して

主音に進むことが原則となります。図4-20のようにイ短調であれば第7音のソ#は主音ラに進み解決するようになります。旋律線において、増音程での進行は声楽的ポリフォニーと同様に禁じられていますが、減音程はよいとされています。よって、ファ→シへ上に上がるときは増4度で×ですが、図右のようにシ→ファへ上がるときは減5度で○となります。調性感のある旋律が用いられ、分散和音的な動きや反復進行が推奨されるようになります。使用できる音域は楽器の音域に準じ、跳躍もより自由にひんぱんに行われるようになります。

図4-20　ドミナントにおける減5度、分散和音と反復的旋律

　2声における和音については、より調性感が分かる長短3度や長短6度の組み合わせが推奨されます。曲の終わりも、バスは変わらず主音ですが上声部は第3音を終止音とすることも可となり、カデンツを用いて明確に調性感を持って終わるようになりました。

　器楽的対位法の主拍における垂直的音程については、不協和音程のうちいわゆる属七の和音に属する音程（増4度、減5度、短7度、長2度）が使えるようになりました。これは後の和声のV₇→Iに当てはまります。そして、主音が不協和でも7度→6度、4度→3度などのように副拍で解決する係留音は、予備なしでも使われるようになりました（図4-21）。すなわち第2章の機能和声でも紹介した非和声音の倚音（いおん）の登場です。

　副拍については、不協和音を使う場合は声楽的対位法と同じく、前後で音階的進行である必要があります。しかし、跳躍できる例外として属七の和音の和声音を分散和音的に使用するのは許されます。不協和音の主拍がある場合（倚音や係留音）、

図4-21　予備なしの係留音（倚音）

その直前の副拍は協和音にする必要があります。完全音程の並行や陰伏は声楽的対位法と同じく不可で、反進行や斜進行にしなければいけません。

4.3.8 対位法による音楽の構造

繰り返しになりますが、対位法は各声部（パート）の旋律が互いに独立しつつ線的に流れるような音楽を書くためのルールです。対位法によって書かれた音楽は、**主題**（テーマ）が最初に提示され、その主題を**模倣**という作業を通して有機的・構造的に展開するように作曲された音楽です。その形式の典型には、インヴェンション、シンフォニア、カノン、フーガがあります。

図4-22に示すバッハのインヴェンションを見ると、主題が提示された後に、主題が別の調で現れたり一部が変化したりします。そうであっても、おおよそ似ている模倣されたテーマが次々と重なり出てきます。このように多少の変化があるのを自由模倣といいます。一方、提示されたテーマとまったく同じものを後の声部が演奏するときは厳格模倣といい、**カノン**がこれに当たります。カノンは、『かえるの合唱』やパッヘルベルの『カノン』で皆さんおなじみですね。バッハの『インヴェンションとシンフォニア』は教育的な目的で書かれた曲集で、インヴェンションは2声、シンフォニアは3声による対位法で書かれた曲です。

図4-22　バッハ：『インヴェンションとシンフォニア』第1番より

ここで見られるように、模倣には主題の移調、反転、拡大、縮小、逆行とそれらの複合による方法があります。また、前の主題が楽句の途中で、別の声部が重なるようにして演奏されるのを**ストレッタ**（stretta）といいます。また、カノンやフーガでは最初の主題提示をDux（デュックス）、その応答をComes（コメス）といい、これら以外の対旋律を対位句（Cp）といい自由旋律で形成されます（図4-23）。

図4-23　対位法による作例（出典：長谷川良夫『対位法』音楽之友社、1995、p.234より、紙面の制約から4声部各パートを1つの譜面に集約）

4.4　メロディと科学のいろいろな話

　本章の最後として、メロディとそれにまつわる認知科学や記号学、言語学など雑多な話題に触れたいと思います。

4.4.1　名旋律を作るには名旋律を知るべし！

　おそらく多くの人は作曲するにあたって美しい旋律を書こうとします。いや、マーチを書くのであれば勇ましくカッコイイ旋律がよいですね。ジョン・ウィリアムズのスターウォーズやインディージョーンズのような映画音楽のテーマも一度は書いてみたいなと憧れます（個人的に）。

　いずれにせよ、どうやったら皆から素敵といわれる旋律が書けるか…プロの作曲家もバンドを始めたばかりの学生も、そんな名旋律を生み出す秘訣を知りたいわけです。先日、とある作曲家の先生に作曲のポイントについていろいろとお話を拝聴しましたが、やはり自分の内から湧いて出てくる音楽を書くべきだ！との言葉をいただきました。ふむ、確かにその通りだと思いました。シューベルトもしかり、ドヴォルザークもしかり、先達の名旋律のヒットメーカーはどんどんメロディがあふれるように湧いて出てきたのでしょう。

　さて、ここでは名曲の旋律をいくつかピックアップしたいと思います。というのも、やはり、音楽史に残る名曲には、名旋律が必ずそこにあるのです。そして、名旋律を作りたければ巨匠の書いた名曲の楽譜をたくさん見るべし！　ということで、以下、筆者の独断で恐縮ですがいくつかクラシック音楽の名旋律をピックアップします。紹介するにあたってメロディを音階型（順次進行型）と和音構成音型に分類してみました。

まず、音階型を見てみましょう。「まさかねー、ドレミファソとか音階でそんな名旋律ができっこないでしょ！」とお思いかもしれませんが、旋律の魔術師と称されるピョートル・チャイコフスキー（1840-1893）を例に挙げましょう。

チャイコフスキーは音階でいくつもの名旋律を作った作曲家です。先ほど4.2節でも紹介したチャイコフスキーの交響曲第6番『悲愴』の第4楽章は「ファーミレドーシドー」と、下行音階をベースに名曲の終楽章の主題を書いています。そして、究極（?!）は、有名な『弦楽セレナーデ』の第2楽章「ワルツ」の旋律です（図4-24）。「シドレミファソラシ」の音階にちょっとリズムを与えただけです！

図4-24　チャイコフスキー：『弦楽セレナーデ』第2楽章「ワルツ」より

上行音階1つで名旋律が書けたのですから、下行音階でも名旋律が書けるのか…チャイコフスキーには書けるのです。クリスマスの定番曲であるバレエ音楽『くるみ割り人形』の第2幕「パ・ド・ドゥ」の1曲目の旋律はチェロによる「ソーファミレドーシラソー」と、なんとト長調の音階そのままなのです（図4-25）！　単なる下行音階だけじゃないか！とあなどってはいけません。旋律を伴奏するハープの趣きや転調、そしてバレエの舞台場面などなどが相まって、非常にロマンティックな名曲に仕上がっているのです。

図4-25　チャイコフスキー：バレエ音楽『くるみ割り人形』第2幕「パ・ド・ドゥ」より

以上、単なる音階だって巨匠のテクニックにかかればこんなにロマンティックな名曲に変身できるという例でした。

ここで、もう一人の名旋律のヒットメーカーであるアントニン・ドヴォルザーク（1841-1904）からは、ノスタルジックな音楽の代表ともいえる新世界交響曲の第2

楽章（「家路」の名で親しまれています）と弦楽四重奏曲第12番『アメリカ』の第2楽章を挙げておきます（図4-26）。このドヴォルザークの譜例のように、ペンタトニック（五音音階）は親しみやすい旋律を作る上で一つの有効な手段です。特にノスタルジックな曲、感傷的な曲、聞きやすい民謡的な曲との相性はよいです。

　以上のように、音階や順次進行（ペンタトニックの3度音程も含む）で滑らかな旋律を作ると、優雅で、美しい、心和む、甘美な…などなどの、抒情的な雰囲気の親しみやすい旋律になります。

図4-26　ドヴォルザーク：交響曲第9番『新世界より』第2楽章（左）と弦楽四重奏曲第12番『アメリカ』第2楽章（右）より、ペンタトニックによる旋律

　さて、もう一つの和音構成音型の旋律ですが、このパターンは威厳のあるしっかりした、あるいは勇ましい印象の旋律で使われることがあります。例えば、ベートーヴェンの『英雄』交響曲、ワーグナーの「ワルキューレの騎行」（楽劇『ワルキューレ』第3幕序奏、図4-27）など、こちらも多数の例があります。順次進行や半音進行がない分それだけ流れるような要素はなく、武骨さが目立ち、先ほどの甘美さとか優雅さとは逆の印象になります。

図4-27　ワーグナー：楽劇『ワルキューレ』第3幕序奏より

　そして、音階・順次進行型の旋律に和音構成音型で見られる跳躍の要素を加えると、そこに強いエネルギーが生まれます。実際、跳躍進行は、演奏する側にとって指使いによる物理的な移動距離や息の使い方など何らかのテクニックがそこで使われ、順次進行のようにサラサラとは進めないのです。対位法や機能和声では順次進行が旋律の基本と説明しましたが、時代が進みロマン派の時代になるとこの跳躍進行の持つエネルギーを利用した音楽の抒情性や感情表現がなされるようになったといえます。

　例えば、先述（3.4.3項）のプッチーニの「私のお父さん」のように順次進行に

よる流れるような旋律に、ここぞというタイミングで跳躍進行を使って一気に最高音へ飛ぶ手法は、かなりの情感を高める効果があるといえます。もう一曲、有名な旋律の例としてセルゲイ・ラフマニノフ（1873-1943）のピアノ協奏曲第2番の例を図4-28に挙げておきます。

図4-28　ラフマニノフ：ピアノ協奏曲第2番 第1楽章より旋律の後半を抜粋

　これらの例のように跳躍はここぞという盛り上がりときに使った方がよいので、どこで使うかの工夫が必要です。先ほどの対位法で説明したように、また図4-28の例のようにフレーズの後半で使うのが基本かと思います。しかし、R. シュトラウスやワーグナー、マーラーのように後期ロマン派では、旋律の冒頭に持ってきたり、何度となく押し寄せる波のように跳躍を繰り返して、これでもかこれでもかといわんばかりに強い情感を与えるような旋律を書いた作曲家もいます。

4.4.2　音楽家の脳は左脳が発達している？

　話はガラッと変わり認知科学の話題になります。よく、左脳は論理的分析や言語機能をつかさとり、右脳は感情や直感に作用するといわれています。また、聴覚神経系で最も高度な情報を扱うのは大脳皮質の聴覚野です。大脳皮質は大脳の表面の層を指していて、耳の上あたりの側頭葉が音楽の認知に関与しています[2]。

　第2章でも、絶対音感の訓練が音声言語学習のように左脳の発達に影響を及ぼすという話をしました。統計的には、音楽家の大脳は左右差があり言語機能をつかさとる左半球が大きいといわれています。神経科学者のシュラウク（Schlaug, 1995）によると、音楽家（ピアニストなど）と普通の人と比べると、運動、聴覚、空間把握などの能力が発達していることが分かりました。演奏に伴い高度な手の運動を長く訓練をすることで脳が発達したといえます。

　脳の特定の部位で知覚された情報が処理されることを認知機能の局在といいます。ザトーレ（Zatorre, 2001）によると、右半球の聴覚野が周波数の変化を処理し、左半球でテンポの処理を行っていることが示されました。また、ペレツ（Peretz,

1990）によると脳の右半球を損傷した患者に見られる失旋律症における実験から、メロディは右半球が関わっているとされています。

　ちなみに、これまでの研究により言語処理の機能が左脳にあるということは分かっていますが、だからといって理論的な人は左脳が発達しているかどうかについては、今のところ科学的根拠はないそうです。

4.4.3　モーツァルト効果って本当？

　世間でよく聞くモーツァルト神話の一つに、モーツァルトの音楽を聞くことで知能が上がるといういわゆる**モーツァルト効果**があります。

　事の発端はこういうことです[2]。1993年にイギリスの権威ある科学雑誌『ネイチャー』にあるレポートが報告されました。ローシャーらによる、モーツァルトの『2台のピアノのためのソナタ』を10分間聞いた直後に空間的知能を測定したところ、IQが上昇したという記事です。さらに、1998年にはネズミに対して妊娠・分娩後にモーツァルトを聞かせたら、迷路の探索学習において効果が得られたという報告を載せました。無音やリラクゼーション音楽に比べて効果があったというのです。そうすると、世間は神童モーツァルトの音楽のマジックとばかりに湧きました。

　しかし、その後も検証が多々行われるにつれて、モーツァルトの音楽が知能向上に万能というわけではないという反論が出てきました。最近の書物でも論調の多くは懐疑的・批判的です[4][6]。空間認知において瞬間的に能力がアップしたのは、実験に使った音楽が長調の音楽でテンポの軽快なクラシック音楽だったから効果が得られたのではないか、ということに落ち着きつつあります。シュレンベルクらはシューベルトの幻想曲へ短調でも同様の効果が得られたとし、逆に、テンポの遅い曲では効果がなかったという報告や、さらには朗読でもポピュラー音楽でも効果があるといった報告もあります。どうやら、モーツァルトの作品に限らず、ある程度の軽快なテンポと明快な曲想により脳の**覚醒**と気分の心地よさが上がったことで、効果が見られたということのようです。最初に提唱したローシャー自身も2009年にはモーツァルトの音楽自体というよりも、覚醒と気分によるものらしいと考えを改めています。

　モーツァルトの楽曲から受けるイメージには、明るいとか上品で軽やかとかポジティブなイメージがあり、確かにそのイメージはモーツァルトの一つの側面ではあります。でも、モーツァルトの曲にも暗い曲もあれば重い曲もありますので、モー

ツァルトの曲なら何でもよいということではないといえます。また、モーツァルトでなくても、同時代のハイドンや、ベートーヴェンやシューベルトに見られるように、明るく快活な音楽であれば同様にポジティブな感情が得られるということになります。

　もう一つ付け加えていえば、モーツァルトの曲の音色に秘密がある、といったたぐいの記事やキャッチコピーも最近見られます。しかし、これについてもモーツァルトを弾く演奏にどのような固有の音色があって、それがなぜ効果を及ぼすかという科学的な論拠が現段階では不明です。確かに、モーツァルトを弾くときの奏法は、ブラームスのそれとは違うでしょうし、ショスタコーヴィチとも違いますが…。「モーツァルトのように上品な音色」という表現は評論でも演奏の現場でも使われることがありますが、上品な音色は同様にシューベルトやショパンの音楽にだって聞けるはずです。それでつまるところ、モーツァルト効果の議論の末は、モーツァルトの魔法ではなく、モーツァルトに「代表されるような」明るく快活な音楽が、聞く人に覚醒と快気分を呼び起こし好影響に結びついたということになります。でも、「モーツァルトの音楽に固有の効果（ちまたの表現でいうなれば秘密）はまったくない」という、逆の証明もありません[3]。

　ただ、モーツァルトが何らかのよい結果を導くと思って聞くことは、必ずしも悪いわけではないともいえます。いわゆる**プラシーボ効果**というもので、これは偽薬といわれ何の効果もない薬を効果があると思い込んで服用することで、症状が軽くなったり回復したりする認知過程です。この点では、食べ物や飲み物を美味しくいただいたり、胎教として聞いて満足感を得たりするという点ではよいといえます（ただし、科学的な証拠はありませんので各自でその点を踏まえてご購入ください！）。プラシーボ効果の例として音響熟成の商品があります。モーツァルトを聞かせて作った○○というものですが、あくまでも気分の問題であり科学的にモーツァルトの音楽ゆえの優位さが証明されたわけではありません。何とも夢のないつまらないことをいうもんだとお思いかもしれませんが…いいんです！ 美味しいと思っていただきましょう。こう書いている筆者も、モーツァルトを聞かせたというお酒を見かけるとついつい買っていますので。

4.4.4　音楽記号学によるメロディの解析

　西洋音楽に対して統語論的な研究は古くからされてきました。統語論とは言語の

※3 この世の中に存在しないことを証明する、というのは不可能に等しいという意味から「悪魔の証明」ともいわれます。

構文や文法に関する学問で[7]、音楽でいえば西洋音楽における構文や文法ともいえる和声や楽典、拍節構造などを解析することを指しています。オーストリアの音楽学者シェンカーは楽曲の統語的研究を最初に行った研究者で、ソナタ形式におけるカデンツの階層構造や交響曲の構造分析をしました。このような階層的な構造は木構造で表されることが多く、ロールマイヤーの生成文法モデルやラダールとジャッケンドフらの**生成的音楽理論**などがあります[8]。

シェンカーは、図4-29のように音楽（旋律線など）は主要な音符や和音を見つけ簡約することで、曲の骨組みといえる基本構造が得られると提唱しました（シェンカー分析または簡約仮説）。例えば、楽曲が旋律と伴奏（和音）によるスタイルだとすると、旋律線には表層的な多くの音があります。それを前景としてとらえ、コード進行（ここではカデンツ I→V→I）に合致した最小限の音で表されたものを、基本構造である後景と解釈します。この前景と後景をつなぐ中景にはいろいろな階層があり、前景に進むことは装飾や精緻化、線形化をすることになり、後景に進むことは垂直化や簡約化と考えることができます。

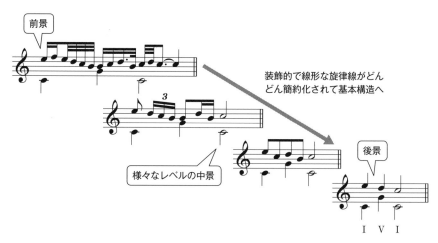

前景

装飾的で線形な旋律線がどんどん簡約化されて基本構造へ

様々なレベルの中景

後景

I V I

図4-29　前景から後景へ簡約

一方、言語学の分野の理論を用いて音楽の構造を解析するアプローチもあります。言語学者チョムスキーは生成文法理論を提唱しています。文において最初の単語が与えられたときに、次に来る単語には何が配置可能かが規定されたのが文法であり、その文法によりできあがった文字列が文である、と提唱しました。コンピュータに

よる自然言語処理の研究分野では、文章やプログラムの構文解析の手法として、有限オートマトンで記述される正規表現や、構文木で表されるような**文脈自由文法**などが使われています。

例として、次の文を構文解析してみます。

「私は東京に行った」

とあれば、日本語の文は主語と述語で構成され、それぞれの構成要素の「私は」＝代名詞＋助詞の名詞句で、そして「東京に」＝副詞句、「行った」＝動詞句となります。すると、図4-30のような構文解析木といわれる構造で表現できます。

図4-30　日本語の文における構文解析木

このような上から下に樹木の枝分かれのように分解していく構造を**木構造**といいます。名詞や動詞、助詞のように文から文字列の切り出しと品詞の分解を行うことを**形態素解析**といいます。近年、この文脈自由文法を使って楽曲の構造や和声についてコンピュータで解析を行うことも研究されています。クラシック音楽の機能和声は第2章で示したように、規則が比較的明確ですので適応が可能ではないかとの考えです。

しかし、機能和声においては、ハ長調のメロディにおいて、ドがあってその次にレがあるとすると、Ⅰ→ⅤだけでなくⅠ→Ⅱへの進行も可能ですので、文法のみで一意に決まりません。このような複数の可能性があるとき、確率付きのモデルである確率的文脈自由文法が考えられています。最近ではビタビ・アルゴリズムによる隠れマルコフモデル（2.7.3項を参照）が用いられています。

他には、生成的音楽理論（GTTM：generative theory of tonal music）という手法があります[9]。旋律の骨格となる構造を抽出するための方法で、図4-31のように木構造で表し、装飾音や経過音を簡約化して代表的な重要な音を構造的に示します。これも音楽と言語の類似性に着目したもので、言語学におけるチョムスキーの生成文法に基づいています。拍節構造として曲の強拍と弱拍を決め、メロディの分節と

階層を作ります（グルーピング構造）。次に、グルーピング構造のそれぞれに対し、選好規則（GPR：grouping preference rules）に照らし合わせて相対的に重要な代表音を決めていきます。これを繰り返すことでメロディの重要な音を見つけ、時間間隔（タイムスパン）でメロディを分割して構造を解析します（タイムスパン簡約）。近年では、このGTTMをコンピュータによる解析で自動化する試みが浜中・平田らによって行われています。プログラムで実装する上で、グルーピング構造を作るための選好規則の定式化を行っています。

図4-31　GTTMによるタイムスパン分析の例

4.4.5　よいメロディと認知するには

　最後にもう一つ、音楽の構造を解析する理論であるマイヤーとナームアの暗意−実現理論（implication-realization theory）を挙げておきます[2]。私たちが音楽（特にクラシック音楽）を聞くとき、機能和声に従って「不協和音の後には協和音に解決する」という前提で（もしくは無意識的に）聞いています。他には、メロディが徐々に高揚してくれば、その先にクライマックスがあるであろうと期待します。そして、期待通りにフォルテッシモによるクライマックスがジャーン♪とあれば納得や快感を得るわけです。このようにメロディには暗示的（implication）な部分があって、それに呼応する結果（realization）があり、その繰り返しで音楽ができているという前提に基づいた構造分析です。

　よいメロディと私たちが認識することには、この無意識的な予測と結果的に聞こえてきた音の因果関係が影響しているといわれます。その予測のためには、よいメロディを認識する聞き手である私たちが音と音の関連を予備知識として持っていることが必要です。その予備知識は西洋音楽に慣れ親しんだ私たちでいえば、機能和声や対位法をベースにした理論で書かれた音楽で、幼い頃から聞いてきた子守唄や童謡もその中に含まれます。

　私たちは、その予備知識を元にメロディを時系列で予測し、その期待に添えれば

満足します。音と音の関係に因果関係を見出そうとするわけです。作曲家のヒンデ
ミットは、聞き手はメロディを聞きながらこの先に起こるであろう結末に大きく期
待を抱き、その大きく膨らんだ期待に対して結果が近ければ近いほど満足感を得て、
その喜びが美的価値につながると主張しています。一方、時にいい具合に裏切られ
ることも必要で、期待に対する裏切りは聞き手にインパクトを与え時に感動ともい
える強い情動を引き起こすと考えられます。音楽と感情を研究したアメリカの音楽
学者のマイヤーは、音楽を聞いたときの感動は予測が大なり小なり裏切られたとき
に生まれると述べてますが、これはいつも予測通りであると退屈な音楽であるとい
うことを指しています。

そこで、作曲家はオリジナリティをメロディに与えなければいけません。誰でも
予測がつく平均的・平凡な音楽は陳腐であるとされ、これは作曲家が最も恐れる評
価です。作曲家の個性ということに対して、アメリカのペイズリーやサイモントン
が分析をしています。ペイズリーは先頭に個性が現れるとし、また、サイモントン
は膨大なメロディから冒頭の音程変化の平均を求め、そこから作曲家の個性を平均
からの逸脱度合いとして分析しました。ヴィッツはメロディの単純さ／複雑さと視
聴者の好感度を調べました。これらの結果が示しているのは、メロディの複雑さや
独創性がなさすぎても飽きられ、過多であっては理解されず評価は下がるというこ
とでした[6]。

オリジナリティを出すとはいえ、聴衆の理解の範疇を超えすぎるとよいメロディ
とは評価されないようです。メロディにおいて予測・期待への裏切りが強すぎると
聴衆はついていけなくなります。

その端的な例がシェーンベルクらによる十二音技法に代表されるようなセリエリ
ズムによる音楽です（詳しくは5.8.3項を参照）。私たちの多くは機能和声による調
性音楽に慣れ親しんで育ってきているので（生まれて以来ずっとセリエリズムの音
楽しか聞かないで育ってきた人はまずいないと思いますが）、それにより「洗脳さ
れた」脳にとっては無調で非因果的な音楽は予測がつかなさすぎる音楽となります。
よって、慣れないとかなりストレスとなり、ゆえにセリエリズムの音楽は一般には
受容されがたい音楽となっているのです。

4.5 拍節構造と対位法を体験してみよう!

　本章で説明した楽譜からいくつかの音源をウェブサイトに用意しました。まず、4.2.2項の図4-2の拍節構造がない単なる音の並びの場合と、アクセントや反復構造などを入れた拍節構造を感じられる場合です。他には対位法の説明から図4-16のカントゥス・フィルムスと図4-22のバッハの『インヴェンションとシンフォニア』第1番の音源をアップしています。

▼第4章の音源のURLとQRコード

https://gihyo.jp/book/rd/c-music/chapter4

作曲

第5章では、これまで説明してきた音楽の3要素(ハーモニー、リズム、メロディ)を踏まえて作曲という創作活動について説明と考察をしていきます。本書は、クラシック音楽を理系的な視点から見てみようという趣旨の本ですので、数学や情報学、音響学、コンピュータなどと絡めて、中世から現代まで西洋音楽の歴史と作曲技法を紹介します。また、より深い理解のために楽典や形式論、オーケストレーションなどについても記します。

5.1 これも音楽? こんな作曲もアリなの?

本書の第1章で、音楽の3要素とはハーモニー・リズム・メロディである!と述べました。それは多くのクラシック音楽やポピュラー音楽などに関しては確かにその通りです。しかし、ブルックナーやブラームスらが世を去り、20世紀に入りロマン派が終焉に向かうと共に劇的に音楽様式が進化し、20世紀の前衛的な作曲家たちは、調性音楽に慣れ親しんだ聴衆の基本概念を切り崩しにかかりました。フランスに始まったピエール・シェフェールのミュージック・コンクレートなどのように、楽音以外の音も音楽の素材とする創作活動が始まったのもその一端です。

では、最初に問題提起の意味も含め、いくつかの20世紀の前衛音楽を紹介します。

ハンガリーの作曲家であるリゲティ・ジェルジュ(1923-2006)の『ポエム・サンフォニック(交響詩)』という作品があります。この作品は100台のゼンマイ式メトロノームのカチカチという音だけで構成されます(図5-1)。100台のメトロノームはそれぞれテンポが異なります。メトロノームを一斉に鳴らし、そしてすべてのメトロノームが力尽きて、最後の1台が鳴りやんだら曲は終了、というものです。ここでゼンマイ式のメトロノームであることが大事で、電池で動くものだと恐ろしく長い時間曲が続くことになります!

めったに演奏(?)されることはありませんが、最近では2015年にサントリーホールで行われた東京交響楽団の定期公演でこの作品が取り上げられました。ちなみに、初演は1963年にオランダで開かれたガウデアムス国際音楽週間で演奏されました。しかし、せっかくテレビ放送のために収録されたのですが、当時、あまりに前衛的すぎて放映はボツになったそうです。楽譜はショット社から出版されていますが、もちろん音符は1つも書かれておらず演奏の方法や作曲の経緯などの説明

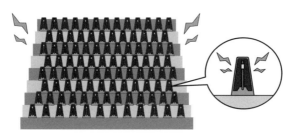

図5-1 リゲティ:『ポエム・サンフォニック』の、100台のメトロノームによる音楽

が書かれています。

この作品にはもちろんメロディは存在しません。ハーモニーもしかり。リズムについては、確かに各メトロノームはカチコチと一定のテンポを刻みますが、一般的な概念としての音楽的なリズムは聞こえてきません。音楽の3要素を持たないですが、これも音楽！という発想であり、また聴衆に対する問いです。

もう一つ、アメリカの作曲家ジョン・ケージ（1912-1992）の有名な『4分33秒』という作品があります。ピアニストは会場の聴衆から拍手で迎えられ、悠然とピアノの前に着席します。しかし、鍵盤を叩くのではなく、開いているピアノのフタを閉めます。そして、ストップウォッチを取り出し時間を測り、時間が来たらストップウォッチを止め、フタを開けます。これを3回行います。すなわち、3つの楽章からなる作品です。この作品の譜面は図5-2のように書かれています。

図5-2　ケージ：『4分33秒』のスコアのイメージ

1952年にニューヨークでピアニストのディビット・チュードアにより初演されたときに、第1楽章＝33秒、第2楽章＝2分40秒、第3楽章＝1分20秒の合計4分33秒で演奏されたため、このような通称として知られています。

この作品の意図とするところは、沈黙の間に聞こえる会場の様々な音、例えば空調の音であるとか、誰かの咳払いや、会場の外からかすかにもれ聞こえてくるパトカーのサイレンの音とか、そういったありとあらゆる音が音楽の素材である、ということです。演奏者はその空間にある音をストップウォッチで時間的に切り取る役割を担っているということになります。

さて、皆さん。

これらを音楽とみなしますか？

いや、これは音楽でないと拒絶しますか？

ちなみに、ケージの『4分33秒』の楽譜（ペータース社）は2千円ちょっとで売られています。

5.2　現代音楽を理解するには？

　現代音楽に対して皆さんはどのような音楽をイメージしますか？

　多くの方は「あの、キー！とかドカンドカン！とかいうキツい音楽でしょ」と、イメージしているかと思います。確かにそのイメージはだいたい合っているかもしれません…いや、失敬、そういう音楽もありますが心に染み入る美しい曲もあります。現代音楽の「現代」とは、第二次世界大戦後の曲を指したり、今日生存している作曲家の作品を指したりしています。英語ではコンテンポラリ・ミュージック（contemporary music）といいます。ただ、戦後の冷戦時代のソビエトを生きたドミートリイ・ショスタコーヴィチ（1906-1975）の音楽を現代音楽という専門家は少ないと思います。一方で、先ほどのケージは、1912年から1992年を生きた人ですから、年代的にはショスタコーヴィチとかぶっています。しかし、ケージは現代音楽の作曲家の代表として認知されています。そうなると、世間一般的にはやはり曲の印象で分かれるのでしょう。

　どんな曲を現代音楽と称しているのか？という問いに対してですが、おそらく、作曲の手法や曲想の違いから分かれるようです。

　現代音楽の始まりは、機能和声から脱却したシェーンベルクの十二音技法による作曲法が登場した頃とされています。あるいは、ドビュッシーの『牧神の午後への前奏曲』を現代音楽の発端とする見方もあります[1]。以上からすると、何年以降という年代でくくられるのではなく、19世紀に確立した調性音楽から離れ、音楽創作に対する新しい思想および実験の成果として生まれた音楽を総称して「現代音楽」というジャンルとみなしているといえるでしょう。だから、今日作曲された音楽でも、それが19世紀の音楽スタイルだと現代音楽だとはカテゴリー分けされないでしょう。逆に、調性音楽を素材として（それこそモーツァルトの音楽でも）現代音楽の手法や思想で再構成した音楽は、現代音楽にカテゴライズされるということになります。例えば、モーツァルトのピアノ・ソナタをバラバラにして確率的に切り貼りしたり、演奏音にコンピュータでエフェクトをかけたり、鳥の鳴き声と共演させたり…と現代音楽に変身させるアイデアはいろいろ考えられます。

　さて、本題の「現代音楽を聞いて理解するには？」ですが、その音楽がどのような手法やシステムで作られているのか、やはり概要くらいは知ってから聞いた方がよいといえます。ただ漠然と聞いても、たぶん「キーッ、ドカンドカン!!」という

騒音にしか聞こえてきません。多少のお勉強が必要です。

　そもそも、現代音楽は、聞きやすく心地よい調和（ハーモニー）で作られた19世紀のクラシック音楽をある意味で否定し離れていった音楽なのです。一方で、同じく20世紀に発展したロックやポップスなどポピュラー音楽はみんなに好かれ、たくさんCDが売れることを目的としている商業音楽ですので、和声がはっきりして聞きやすく覚えやすい旋律で作曲することが求められます。すなわち、これらはまったく逆の発想といえます。ここで、現代音楽が芸術作品であるとし、芸術とは時代の最先端を行く活動であり、作曲家は大衆を新たな境地に導く役割がある、としましょう。そうすると、20世紀の現代音楽は、19世紀までに築き上げてきた心地よいハーモニーで調和の取れた、大衆的になってしまった音楽とは違う新しい方向を提示しようとしているのです。それは例えば、機能和声ではない新たな和音のシステム、ドレミではない新たなピッチの音、澄んだ心安らぐ音色ではなく緊張と嫌悪の音色…などなど、既成概念とは違う新しい発明・発見を提示することが作曲家の創作活動のモチベーションであり創作エネルギーの源であったりするのです。

　ということで、現代音楽を理解するには、作曲家が何らかの新しい音楽表現を訴えかけているので、その表現の仕組み・手法は何なのかを知るとよいと思います。

　以下に、現代音楽を示す代表的なキーワードを列挙しておきます[2]。

- 無調（調性のない音楽）
- 音列主義（全12の音をある規則で並べて作る音楽）
- 不確定性（確率的・偶然的に音が発せられる音楽）
- 実験主義（新たな表現のための実験的音楽、音楽の限界に対する問いなど）
- 音色主義（既存の楽音でない新たな音色の探求）
- ミニマリズム（極小単位のフレーズとその反復による音楽）
- 電子音響音楽（コンピュータやエレクトロニクスを利用した音楽）
- アルゴリズム作曲（数理やプログラムで作成した音楽、自動作曲など）

　では、次節より、作曲という芸術活動とその担い手である作曲家を理解するために、西洋音楽の歴史をざっと振り返ってみたいと思います。

5.3 西洋音楽史の概説（前編）

　一般的にイメージされるクラシック音楽というのは、バッハやヴィヴァルディの

18世紀からベートーヴェンやブラームスなどの19世紀の音楽ではないでしょうか。詳しく書けば数冊の分厚い書籍にもなる西洋音楽史ですが、本節では西洋音楽の始まりである中世から19世紀まで、1000年以上もの年月をぎゅっと圧縮して俯瞰します。

5.3.1 中世ヨーロッパの音楽

現在確認できる最古の西洋音楽として**グレゴリオ聖歌**が知られています。男性がラテン語で歌う宗教音楽で、複数人で歌いますがハーモニーは現れず単一のメロディを歌います（モノフォニー音楽）。ローマ教皇グレゴリウス1世（在位590-604）の頃の編纂と思われていましたが、時代はさらに1世紀ほど後にまとめられた聖歌集で、グレゴリオの名はかつての教皇を讃えたものとされています。

西洋音楽史でいう中世はグレゴリオ聖歌を起点として、14世紀のアルス・ノーヴァ（新しい芸術の意）までを指します。中世の音楽はキリスト教のカトリック教会との結びつきが強い音楽でありました。

では、グレゴリオ聖歌以前には音楽はないのかというと、そういうことではなく4世紀後半にはアンブロシウス聖歌がミラノで歌われていましたし、それ以前の古代ギリシャやローマ帝国の時代から音楽はありました。帝政ローマの皇帝は音楽を擁護し、音楽祭を催し、歌手や楽器に関する記録が残されています。ただ、建築や美術と違い音楽を記録する媒体の楽譜がまだなかったため、どのような音楽だったかが残っておらず分からないということなのです。

さて、グレゴリオ聖歌を聞いてみると、いつまでも続くような幻想的で宇宙的な音楽のように聞こえるかもしれません。中世の音楽に抑揚のない散文的な印象があるのは、私たちのなじみの機能和声のようにドミナント→トニックのような強い終止感となる分節構造を持っていないためです。旋律は歌詞の内容や分節で区切られる程度で、いつまでも続く感じになります。この終止感の弱い旋律はルネサンス期まで続き、完全に調性音楽が主となるのは18世紀のバロック期になります。

5.3.2 ユニゾンからオルガヌムへ

1つの旋律を全員で歌うユニゾン（斉唱、モノフォニー）で歌われていた聖歌が、

9世紀になると**オルガヌム**という2声で歌われるという変化が起きました[3]。作者不詳の『音楽の手引き（Musica enchiriadis、ムジカ・エンキリアデス）』という理論書には2声の歌い方の方法が書かれていました。オルガヌムは主旋律に対して和音をなす副旋律を指します。すなわちハーモニーの誕生です。

　主旋律に対してハーモニーを与えるオルガヌム声部はユニゾン、完全5度、完全4度、オクターブが用いられます。ただし、図5-3のようにオルガヌム声部が主旋律とユニゾンで開始するときは、オルガヌム声部が同じ音高を維持すると経過的に2度や3度が現れます。また、三全音（トライトーン）は避けますので、ファに対して上にシを取ることができずこのときはシ♭が使われます。そのため当時の変化記号は♭しかなく、まだ♯はありませんでした。また、クラシック音楽では禁則である完全音程の並進行もこの頃は問題なく普通に使われていました。時代が異なればルールも変わるということですね。第2章で示したように音響的に協和するユニゾン（1：1）、完全音程（1：1.5）、オクターブ（1：2）といった音程が用いられました。

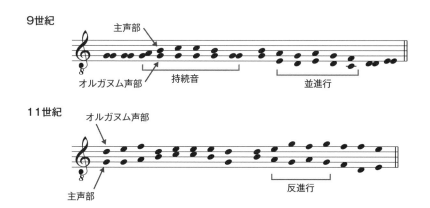

図5-3　オルガヌム声部の例。11世紀になると声部の上下の逆転や反進行が見られるようになった

　9世紀の初期におけるオルガヌム声部は、主声部（聖歌の旋律）に対して4度または5度下にあり並進行で行われていました。やがて11世紀になると、オルガヌム声部は主声部の上に置かれるようになり、反進行や斜進行が中心になってきました。なお、図5-3のように2つの声部が一音ずつ対応しながら進行することをディスカントゥスといいます。

やがて12世紀になると、下声部が長く音を伸ばすようになり、初期の旋律という役割から保続音の役割を担うようになります。ラテン語のtenere（保つ）という言葉から**テノール**となり下声部を表す言葉になりました。合唱のテノールのパート名の由来はここから来ています。そして、主声部やテノールの一音の長さに対して他の声部に**メリスマ**という、一語に対していくつも音符が連なる唱法が使われるようになりました（図5-8を参照）。つまり1対1の等時ではなく1対複数の不等時のオルガヌムが登場しました。

　当時12世紀のパリではノートルダム楽派のレオナンとペロタンという二人の作曲家が活躍していました。レオナン（またはレオニーヌス、1135?〜1201）は歴史上初めて名前が残されている作曲家で『オルガヌム大全』という聖歌集を作ったとされています。ただ、本人が全集のうちどれだけ作曲したかは定かでなく、原本は残っていませんが、写譜や現代修復版で見ることができます。その後に登場したペロタン（またはペロティーヌス、1200年前後）の時期になるとオルガヌム声部が3声・4声へと拡張が進みます。

5.3.3　中世の記譜法

　グレゴリオ聖歌の歌われ始めた中世前期はまだ五線譜は出現しておらず、**ネウマ譜**という図形楽譜で書かれていました。記号学や情報学といった観点からも興味深いので、少し中世の楽譜を見てみましょう。

　ネウマ譜の初期は横棒線がないもので、図5-4の最上段に記したような歌詞の上に曲線で抑揚が付記された程度でした[4]。横棒線は11世紀前半にイタリアのアレッツォの修道士グイードが、音高をより正確に歌えるように線を引いたといわれています。最初はファに引かれ次にドにも追加されました。

　やがて12世紀になって4本線と■による**四角譜**という記譜法が考案されました。印刷による出版がされるようになるとオリジナルのネウマ譜の微妙な曲線は印刷には向かなかったため、四角譜によるグレゴリオ聖歌が出回るようになりました。細かな表現が記されたオリジナルのネウマ譜は見られなくなってしまいました。

　四角譜の例を図5-5に示します。上の楽譜のようにハ音記号とヘ音記号の2つがあり、共にへこみの箇所がその音の位置です。その隣りの音階ですが、凹みのところがドになりますので、下から順にミファソラシドレミになります。図の下は四角譜の見方ですが、グループ音の左にある縦に線でつながれた音符（ペス）は下から

図5-4 ネウマ譜（ザンクトガレン系）と四角譜の例（拝領唱より、Communio VI、グレゴリオ聖歌選集より[4]）

図5-5 四角譜の音部記号と音階の表記

読みラードと歌います。小さい菱形符の付いた音符（クリマクス）の菱形は下行するときに付けられ、音価は短く隣接する音に影響され融化します。Nの形の音符（ポレクトゥス）ですが、斜めの線はグリッサンドや音階ではなく音の上限下限を表します。右端のノコギリ型の音符（クィリスマ）は前後の音を滑らかにつなげる経過音を表します。ただ、以上の記譜は音の長さを正確に表現したものではありませんでした。

　また音高も、ドやファの位置が基準に記されていましたが、ドが何Hzとは決まっていませんでした。そこに集まった僧侶のピッチの取り方次第で、ネウマ譜の上下は相対的に上がるか下がるかを示している程度です。これまで口伝だったものをメモしただけのようなものですが、それでも記録という点では大きな進歩だったわ

けです。

　少し時代が進み12世紀の後半、ノートルダム楽派の時代になると、リズムが6つのモードとして定義されるようになりました（3.3.2項を参照）。神による完全な世界とする宗教観から単位は3が基準となっていました。また6つのモードはラテン語やフランス語の聖歌の歌詞の韻律が元になっています。

　6つのモードにより四角譜はより意味のあるまとまりと長さを記すことができ、13世紀前半になって**定量記譜法**が用いられるようになりました（図5-6）。記号は四角を用いていて、リガトゥラ（ligatura）と呼ばれる音節のかたまりが記譜に用いられるようになりました。音の長さは、長い音を表すロンガと短い音を表すブレヴィスに、さらに短いセミブレヴィスが導入されました[5]。

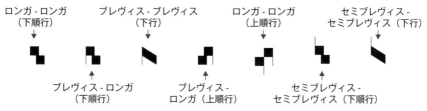

ロンガ - ロンガ（下順行）　ブレヴィス - ブレヴィス（下行）　ロンガ - ロンガ（上順行）　セミブレヴィス - セミブレヴィス（下行）

ブレヴィス - ロンガ（下順行）　ブレヴィス - ロンガ（上順行）　セミブレヴィス - セミブレヴィス（下順行）

図5-6　定量記譜法におけるリガトゥラの例

　ただ、この時代での音価の長い－短いは、今日のように例えば2：1という明確な規則ではなく、ブレヴィスを単位（tempus、テンプス）として完全な3と不完全な2がありますので、私たちからするとまだかなり分かりにくい記譜といえます。例えば、ロンガが2つ並んだとき、1つ目のロンガは完全であるブレヴィス3つ分ですが、次の2つ目のロンガは不完全となり2つ分、などといったように一目で見て音価が分かる記譜ではありません。その後13世紀後半になるとフランコ式記譜法が考案され、セミブレヴィスは◆で表され、完全－不完全の規則も体系化され、ブレヴィスを単位として3つで1小節とするペルフェクツィオ（perfectio）という小節の概念が出てきました[6]。メンスーラ記号などその後の記譜については3.3.2項に既出ですのでご参照ください。

5.3.4　中世の教会旋法と後期中世の音楽

　中世の**教会旋法**は11世紀頃に定着したと見られ、図5-7のように4つの正格（authentic、真正の）と変格（plagal、脇の）の計8つからなります。正格（奇数番

号1、3、5、7）に対し変格は4度下になります。ただ、この音高が指すのは絶対的な音高ではなく、次のような音程の配置の種類を区別するためのものでした。1は半音を、2は全音の音程をそれぞれ表しています。

第1旋法：2, 1, 2, 2, 2, 1, 2
第3旋法：1, 2, 2, 2, 1, 2, 2
第5旋法：2, 2, 2, 1, 2, 2, 1
第7旋法：2, 2, 1, 2, 2, 1, 2

このようなシステマティックな整理は西洋文化らしい考え方です。それぞれの旋法において、曲は矢印で記した終止音（中心音）で終わり、また**保続音**（tenor、**テノール**）という第二の特徴音があります（☆印）。なお、本来は番号による旋法の区別が行われ、ギリシャ語の名称は付けられていませんでした。しかし今日の理論書ではギリシャ語の名称が付けられることが多いので、慣例に習って付記しています。

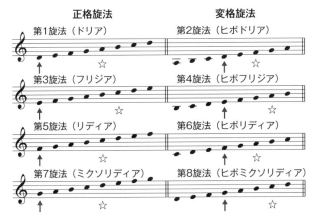

※旋法の名称は古代ギリシャ旋法に合わせて名づけられているが別物である

図5-7　中世の8つの教会旋法。矢印は終止音で星印は保続音

☆印のテノール音は正格と変格で位置が異なっています。そのため、終止音が同じでもそれぞれの特徴が出ます。図5-8は、第7旋法（正格）と第8旋法（変格）の保続音の雰囲気の体験用として、グレゴリオ聖歌にテノールを付けた譜面です（もしご興味あれば、それぞれテノールの持続音と一緒に弾いて（歌って）みてください）。なお、図中の歌詞（アレルヤ）のように、歌詞の一語に複数の音を連ねる装飾を**メリスマ**といいます。

図5-8　正格と変格の違い（例題用に使った旋律は『夜半のミサよりアレルヤ唱』、グレゴリオ聖歌選集より）

　図5-7を見てお気づきになった方もいらっしゃると思いますが、現代の旋法（モード）のようにラ、シ、ドを終止音とした旋法がありません。これは、上記のように音程の配列を区別する目的で付けられたことに着目すると、例えばラから始まる旋法は第1旋法とほぼ同じになるからと考えられます。ほぼ、といったのは第6音が第1旋法と違いますが、これを半音下げればほぼ同じで、この程度の変化は同等と許容されたようです。教会旋法の音階の意味が、絶対的な音高ではなく音程の配置の区別であったので、これで十分だったのでしょう。ドから始まる旋法も同様に第5旋法のシを半音下げれば同じです。その後、これらのラ（エオリア旋法）とド（イオニア旋法）の各旋法は、16世紀に入ってスイスの理論家グラレアーヌスによって追加されました。しかし、シから始まる旋法は完全5度の音（ファ#）がないためにその時点でも用いられませんでした。

　さて、13世紀の中世ヨーロッパの末期になると、音楽は教会における典礼的なものだけではなくなりました。世俗や風刺などが歌詞に取り入れられるようになり、**モテット**というジャンルが西ヨーロッパで流行りました。下声部であるテノールがグレゴリオ聖歌をラテン語で歌うその上に、上声部として愛だの恋だのといった世俗的な歌詞がフランス語で歌われるというものでした（神聖な教会音楽に対して世俗的音楽といいます）。このモテットはルネサンス期のモテットとは別物で、ルネサンス期のモテットは宗教的な歌曲という意味合いで名づけられ、バロック期や古典派の作曲家が付けている曲名のものはルネサンス期のモテットから来ています。

　14世紀の**アルス・ノーヴァ**（新しい芸術）の代表的な作曲家として、フィリップ・ド・ヴィトリ（1291-1361）とギヨーム・ド・マショー（1300?-1377）がいます。ヴィトリは音楽理論書『新技法』で、完全である3分割の音価を、不完全とされて

いた2分割へ展開しました。つまり、2拍子の登場です。マショーは世俗的で抒情的な音楽を多く残した作曲家ですが、重要な作曲書法として最上声部（カントゥス）を主旋律にしたことが挙げられます。また、14世紀は、セミブレヴィスを分割したミニマ、さらに細かくしたセミミニマが考案されました。さらに分割されたフーサは今の8分音符♪に似た菱形に符尾が付いた音符で表記されました。リズムの細分化が進んだこの頃のイタリアの作品には、付点の3対1のリズムが現れます。イタリアでは不完全とされる2分割が好んで用いられるようになりましたが、フランスでは保守的な傾向にありもっぱら3分割が中心でした。

5.3.5　ルネサンス期の音楽

　15世紀になるとヨーロッパでは古典復興の風潮のいわゆるルネサンス期に入ります。この時代の文化はイタリアのトスカーナから北部にかけて始まり、フィレンツェのメディチ家やミラノのスフォルツァ家、フェッラーラのエステ家など貴族によって支えられました。絵画におけるレオナルド・ダ・ヴィンチやミケランジェロ、ラファエロなどイタリア・ルネサンスの画家の名を知らない人はいないでしょう。しかし、音楽では初期ルネサンス音楽の担い手は、フランスやオランダ、イギリスの北方の作曲家で、ブルゴーニュのギヨーム・デュファイやフランドル楽派のヨハネス・オケゲムや、その弟子で多くのモテットを書いて有名なジョスカン・デ・プレなどが活躍しました。後半から末期になる頃にパレストリーナやモンテヴェルディといったイタリアの作曲家が登場します。

　ルネサンス期の音楽における、いくつかの変化と特徴を見ていきましょう。中世の頃とは違い、作曲家の名前が作品と共に残されるようになります。中世までは音楽は儀式的なもので神の下に奏される存在だったので、誰がこの曲を書いたかはあまり表に出ることはなかったのです。民族的な舞踊音楽も「誰が作ったかは知らんがオラが村の踊りじゃ」とばかりに広まって、皆で楽しく踊り歌われていたという感じだったのでしょう。やがて、音楽が恋愛や風刺を歌った俗世のものとして広まるにつれ、作曲家は神の陰に隠れることなく、自己表現と技術の顕示を行うようになり芸術家として存在するようになりました。

　この頃音楽に使われる和音の変化が起きます。ジョン・ダンスタブル（1390?-1453）により英国音楽が大陸に流入すると、3度や6度の音程が多用された音楽が作られました。中世の旋法による音楽から、長調と短調が明確に分かる音楽になり

空虚5度 3度を入れると柔らかく長短の
調性感が出てくる

図5-9 空虚5度と3度音程の導入

ました。ただ終止の和音は第3音のない完全5度でした。この第3音のない1度と5度だけの和音は、第3音のある三和音を聞き慣れた私たちの耳には少々きつく、空虚感を感じさせることから**空虚5度**（空5度）と呼ばれます（図5-9）。その後のクラシック音楽でもこの空虚5度は民族音楽からの引用（ミュゼットなど）やあえて中世の旋法の雰囲気を出すときに使われます。

　16世紀のルネサンス期の代表的な作曲家には、オルランド・ディ・ラッソ（1532-1594）、ジョヴァンニ・ダ・パレストリーナ（1525?-1594）らがいます。まだ陰伏や並行音程は残っていましたが、やがてそれらは禁則となり、並行進行は各声部の独立性から用いられなくなりました。和音の進行が厳格化してカデンツになり、長3度と短3度といった和音の長短の性格を決める第3音が必須の音になりました。旋律に対するオルガヌムとしての各声部は独立し対等な立場になり、ポリフォニー音楽が誕生しました。ポリフォニー音楽はこのあとのバッハの活躍したバロック期に最盛となります。

　ルネサンス期では曲の形式においても大きな進化が見られ、デュファイ、ジョスカンらによりミサ曲が書かれ、特に、モンテヴェルディのマドリガーレやオペラといった表現音楽が生まれたことは、バロック期以降の芸術音楽への発展の礎として大きな意味を持ちました。

　もう一つ、ルネサンス期で注目する点として楽譜の印刷があります。15世紀中頃になりグーテンベルクによる活版印刷が発明されると、楽譜も印刷により発売されるようになりました[7]。1498年にヴェネツィアのオッタヴィアーノ・ペトルッチらにより**活版印刷楽譜**が出版され、フランスではピエール・アテニャンらにより楽譜用の活字を使用した1回の凸版印刷で楽譜を作成するようになり、大量の印刷が可能となりました。音符のあたま（符頭）はひし形で、図5-10のように五線と音符が掘り出された活字（細いもので約1mm）を横に並べて楽譜を作っていました。ということで、初期は縦に隙間があったり上下にずれていたりしました。

　その後改良が進み、1755年にドイツのブライトコプフにより細分活字（モザイ

ク活字）が開発されました。細分活字では、モザイクのように符頭だけでなく五線
や付点、符尾、下線、スラーまで細分化され、上下左右に緻密に楽譜が組まれるよ
うになります。この頃の五線の線間隔は約1.9mmで、符頭も楕円形になりました。

凸型の音符や五線のパーツをまとめて、ベタンと印刷

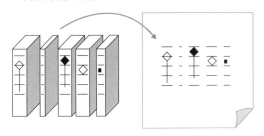

細かく音符を分割して活字を組む

図5-10　ルネサンス期の初期楽譜用活字（左）と細分活字（右）のイメージ

5.3.6　バロックからロマン派へ（クラシック音楽）

　音楽史におけるバロック期は1600年頃から1750年頃を指します。初期は、イタ
リアのクラウディオ・モンテヴェルディ（1567-1643）が初のオペラ『オルフェオ』
（1607）を書いた頃から始まり、カヴァッリ、コレルリ、シャルパンティエを経て、
18世紀に入ってヴィヴァルディ、テレマン、ヘンデル、そしてバッハが活躍した
時代です。今日よく聞かれるなじみのクラシック音楽といわれる曲の多くは、この
バロック期からだと思います。ちなみに12音を等比分割した平均律ができたのも
この時代です。

　クラシック音楽の和声の進行の中心である機能和声がこの頃に確立して、散文的
な音楽から、不協和音→協和音と解決する構造や調性がはっきりと分かる音楽にな
りました。調性がはっきりするということは長短の第3音が和音に不可欠になった
ということです。また、不協和の第7音の利用まで拡張され、減七の和音が使われ
るようになり、さらにドッペル・ドミナントや部分的な転調も使われるようになり
ました。ここまでくると第2章で説明した和声までやっとたどり着いたことになり
ます。そして、グレゴリオ聖歌から約1000年が経ったことになります。

　バロック期では、合奏協奏曲やソナタといった器楽曲も芸術音楽の対象になり、
声楽曲はオラトリオや受難曲といった壮大で劇的な大作にまで発展します。貴族の
間でも楽器が演奏できることは教養として重視され、プロイセンのフリードリヒ2
世のように自身がフルートの名手という王様までいました。図5-11はフルートを

図5-11　『サンスーシ宮殿でのフリードリヒ2世のフルートコンサート』（A. von Menzel、1850）

吹くフリードリヒ2世とC. P. E. バッハが描かれた有名な絵です。また、ウィーンのハプスブルク家のレオポルト1世は大の音楽好きで、自身も作曲をしていました。しかし、まだ当時の音楽は宮廷や教会で演奏され、祝典や舞踏会などを飾る**機会音楽**と呼ばれるもので、音楽が市民のものになるのには次の古典派の時代まで待たねばなりません。

　バロック期を挟んで音楽の作曲方法が変化します。後期ルネサンスあたりから歌に合わせて、伴奏で和音を付与する音楽が現れました。モノディー様式ともいわれるものでホモフォニーの先駆けともいえ、イメージとしてはオペラのレチタティーボを思い起こしていただけるとよいでしょう。リュートなどで伴奏するというのは貴族や裕福な市民の娯楽となっていたようです。

　器楽曲の発展という点においては、**協奏曲**（concerto、**コンチェルト**）という形式が生まれたのもバロック期の特徴といえます。アントニオ・ヴィヴァルディ（1678-1741）の『四季』のような、華麗な技巧を見せる独奏（solo、ソロ）と合奏（tutti、トゥッティ）が交互に演奏し掛け合う形式です。独奏の背後で合奏が和声的伴奏を担当します。また、**合奏協奏曲**（concerto grosso、**コンチェルト・グロッソ**）はアルカンジェロ・コレルリ（1653-1713）が確立したとされ、独奏群と合奏の掛け合いにより音楽に大小や強弱といったような変化やコントラストをもたらしました。合奏はリトルネッロといわれる主題を繰り返し登場させる手法が用いられました。

　バロック期のもう一つの特徴は**通奏低音**という、チェンバロや低音楽器が全曲を

通して和声とリズムを支配する伴奏法です。このような低音が音楽の土台を作り、その上で旋律や中間声部のハーモニーが乗るというスタイルは、その後のほとんどの西洋音楽のジャンルに及び、現代でも続いています(十二音技法やミュージック・コンクレートなどを除けば)。ポップスやジャズ、ハウス…などなど、ベースありきで音楽が成り立っていますね。

さて、バッハの後ですが18世紀後半になって、ついにフランツ・ヨーゼフ・ハイドン(1732-1809)、モーツァルトやベートーヴェンといったウィーン古典派の時代が到来します。この時期の作曲上の特徴は、「主旋律＋和声による伴奏」というホモフォニー音楽が盛んになりました。そして、ハイドンにより純器楽におけるソナタ形式が生まれ、交響曲や弦楽四重奏曲というジャンルの中で確立されました。バロック期に発展してきた対位法は、ここで廃れたわけではなく、以降、楽曲の重要な一構成手段として受け継がれていきます。

5.4 〉 19世紀初期のアヴァンギャルド〜ベートーヴェン

ジャジャジャ ジャーン (♩ ♪♪♪ ♪)

子どもからお年寄りまでご周知のベートーヴェンの交響曲第5番『運命』。なぜ、天空の星々のようにあまた存在する作曲家の中で、ルートヴィヒ・ヴァン・ベートーヴェン(1770-1827)はひときわかがやく巨星として君臨しているのでしょうか！

歌曲王フランツ・シューベルト(1797-1828)は、若い頃は私的なコンサート(サロン)のための作曲をしていました。20歳を過ぎプロを意識するようになると、ベートーヴェンの偉大な作品の前に曲が書けなくなり、書き始めてはみるものの途中で頓挫してしまい未完の曲を量産してしまうスランプの時期がありました。また、ヨハネス・ブラームス(1833-1897)は、ベートーヴェンの9つの交響曲の後になすすべを見出せず20年も悩み推敲に推敲を重ね、43歳になってやっと第1番の交響曲を書き上げたといわれます。アントン・ブルックナー(1824-1896)も常にベートーヴェンの第九交響曲をお手本として交響曲を書いていたといわれています。そして、ワーグナーにいたっては、もう交響曲を書くことを断念(?!)、楽劇という新ジャンル開拓に人生を捧げます(19歳の頃のハ長調と未完のホ長調の交響曲があります)。しかし、ベートーヴェンの第九交響曲は彼の中で格別の思いがあり、

ピアノへの編曲を行ったり、自身の音楽祭（バイロイト祝祭）のこけら落としの曲に選び自ら指揮をしたりしました。こけら落とし公演の演目といえば、オープン150年を迎えた（2019年時点）かのウィーン楽友協会ホールですが、第1回の記念すべきコンサートのプログラムは、1曲目がベートーヴェンの歌劇『エグモント』序曲でメインは交響曲第5番でした。

　演奏家にとってもベートーヴェンの作品は重要なレパートリーです。レコード店・CD店…いや！　今となってはインターネットのネット販売を見ても、著名な指揮者やオーケストラがベートーヴェンの交響曲全集をリリースしているのが分かります。交響曲だけではなく、ライフワークとして生涯書き続けた17曲の弦楽四重奏曲（大フーガも含む）やピアノ、ヴァイオリン、チェロの各ソナタなどは、全曲演奏・録音することが世界の一流アーティストとしての証（あかし）のようにさえなっています。

　さて、ベートーヴェンといえば「恋と苦悩」「波乱万丈」といったようなドラマチックな言葉を添えられて演出されることが多いのですね。では、そのような人生でのビッグイベントがどれだけ作曲家の創作意欲と関係があるのでしょうか。そこで、本書は理系的な本ということですので、その関係を数字でグラフ化してみました（図5-12）。ここでは創作意欲の度合いを作曲した作品の数と見立ててグラフにしています。横軸は年齢で、縦軸はその年の作品数と累積数です。

　こう見ると、ベートーヴェンの作品数はウィーンに出て若さあふれる意欲的な時

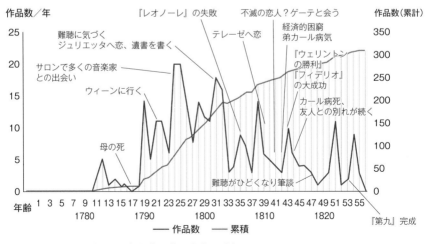

図5-12　ベートーヴェンの年間作品数と人生の重大イベント

期の他に自身の健康や取り巻く環境の変化が大きくモチベーションに影響している
ように見えます。有名なハイリゲンシュタットの遺書を書いたときには、逆に難聴
というハンデをはねのけるべく仕事に集中した様子もうかがえます。

　ベートーヴェンという作曲家は音楽史上どのような立ち位置にあるのでしょう
か。史上初めて作曲家が自由な芸術家という地位を得たのがベートーヴェンです。
少し前の時代のハイドンにせよモーツァルトにせよ、彼らは貴族のお抱えの音楽家
でした。ただ、彼らも後期の作品に見られるように自身の芸術創作のための作品も
書いていますが、一方、ベートーヴェンは早くから宮廷貴族の庇護と拘束から離れ、
独立したため、より自由に音楽の創作ができました。その背景には1789年に起こ
ったフランス革命の影響があったとされます。ルイ16世とマリー・アントワネッ
トが処刑され王政の時代が終わりをつげると、ヨーロッパ中で市民による自由を求
める啓蒙思想が広まりました。ベートーヴェンがそのようなタイミングで音楽活動
を展開する社会状況にいたことが、同じウィーン古典派と呼ばれても宮廷での音楽
活動が主であったハイドンやモーツァルトとは状況が根本的に違います。なお、ベー
トーヴェン自身がそういった宮廷での付き合いが苦手だったという説もあります
が、どちらかというと武骨ではあるがにじみ出る才能のある音楽家で、しかもピア
ノの超名手であったため、貴族から何かと可愛がってもらっていた存在でもあった
ようです。なお、ハイドンとベートーヴェンの関係は短いながらも師弟関係にあり、
22歳のベートーヴェンは故郷のボンを離れウィーンに行くと、当時名実共に一番
の作曲家だったハイドンに1年ほど教わりました。長くは教わりませんでした（ハ
イドンがロンドンでの仕事を控え忙しかったとか、ベートーヴェンの期待していた
レッスンでなかったとか、諸説ありますが）、初期のピアノ三重奏やピアノ・ソナ
タはハイドンに献呈されています。

　ベートーヴェンの功績を考察してみると、当時の音楽界にとっては革命的で斬新
な作曲家でした。時代の最先端を行く、いわば19世紀初頭における現代音楽作曲
家であったといえます。

　繰り返しになりますが、18世紀までは宮廷や教会での機会音楽・宗教音楽が音
楽制作活動の中心でした。交響曲もセレモニーの中で使われ、いってみれば使い捨
てでもあり、仕えるご主人のためにイベントがあるごとにどんどん新作を書く必要
がありましたし、それが貴族に仕える職業作曲家の仕事でもありました。そのため、
ハイドンが交響曲や弦楽四重奏曲の定型の確立を目指したとも考えられます。依頼

主の要求や聴衆の満足をある程度満たす音楽を量産するにはルーティン化できる方が効率がよく、ルーティン化ができれば、後はいかに旋律やリズムを面白くするかといった点に頭脳と時間を使えるわけです。私たちも職場で仕事していて、毎日会社に行くたびに違うことをさせられると大変ですよね。書類のひな型が決まっていたり、ある程度の作業標準といったルーティンが決まっていたりする方が仕事の効率がよいですね。なお、ハイドンは1749年に現存する最初の曲であるミサ・ブレヴィスを書き、1803年に最後の弦楽四重奏作品を書いたのですが、生涯約50年余りで850曲もの曲を書きました。特にエステルハージ侯に仕えていた時代の1760年後半から1770年前半にかけては、年間30曲ペースで曲を書いていましたので、楽長の仕事もしながらウンウンと一曲ごとに悩んで書いている余裕はなかったと想像します。

　しかし、その一方でベートーヴェンにはその宮仕えの必要がなく、一曲一曲に創意工夫を凝らし、むしろハイドンが完成した交響曲というジャンルに対して、どうオリジナリティを与えるかが芸術家ベートーヴェンの仕事だったのです。ハイドンが100曲以上も交響曲を書いたのに対して、ベートーヴェンは9曲です。一曲あたりの時間のかけ方にかなり違いがあることになります。話は飛びますが、これは科学者も同じ性質を持っていて、先人がやってきた業績と同じ実験や考察をしてもまったく評価されません。常に発展と革新をしているからこそ科学は進歩し、その成功があってこそ評価されるものです。つまり、発展と革新を行う役目を担っているという点で芸術家と科学者は共通しているのです。

　では、ベートーヴェンはどのような発展と革新を行ったか。いくつかをピックアップしましょう。紙幅に限りがあるのでここでは交響曲に限ります。ベートーヴェンに関しては専門書がたくさんありますので詳細はそちらに委ねます。ウィーン古典派以降の作曲家にとって最も重要な音楽形式である**交響曲**は、ハイドンによって完全な形にされました。基本は、4つの楽章でもって1つの作品とし、第1楽章は序奏を持つソナタ形式、第2楽章にはアンダンテ、第3楽章にメヌエット、第4楽章にフィナーレを飾るロンド形式といった構成です。

　交響曲第1番の冒頭の和音を見てみましょう（図5-13上）。調はハ長調です。これまで説明してきたように模範的で原則的な曲の最初の和音は主和音であるべきですが、ベートーヴェンはシ♭を加えたドーミーソーシ♭にしたのです。この和音はサブドミナントであるファーラードのドミナントとなります。

図5-13　ベートーヴェン：交響曲第1番の冒頭（上）と交響曲第5番『運命』の冒頭（下）より

　すると、どう聞こえるのか。いきなりドミナント和音の不協和音から始まる音楽は、聞いている人にいったい何が起こったんだ？と、予測のつかない斬新さを与える効果があります。あたかも曲の途中から演奏が始まったように聞こえるのです。ちなみに、この第1番の交響曲の初演は残念ながら聴衆や批評家がその斬新さについてこれなかったようで、新聞による批評の反応は今一つだったそうです。

　さて、上述の有名な運命交響曲の冒頭のジャジャジャ・ジャーンに話は戻りますが、実は最初の音型（動機）は8分休符から始まるのです（図5-13下）。クラシックファンにとっては当たり前の知識ですが、冒頭のリズムは1小節に8分音符3つの3/8拍子の音楽ではないのです。しかも、ハ短調の曲ながら、冒頭の音符はソソソミb〜と、主和音の根音ドが使われていないのです。音楽は主和音や主音から始まるべし、という当時の作曲の常識からすると、ベートーヴェンは常識破りの常習犯です。

　同じく運命交響曲において、他にもベートーヴェンはいろいろなアイデアを盛り込みます。トロンボーンを初めて交響曲で使いました。ピッコロやコントラ・ファゴットもオーケストラのメンバーとして仲間入りさせました。楽章の構成についても、第4楽章の中で第3楽章のスケルツォの旋律を回顧的に挿入しました。こうすることで楽章の関連性や曲の有機的な統一を図ることになります。そして、何よりも初めて第3楽章と第4楽章をつなげてしまったことが、この曲の最大の効果的な革新でしょう。第3楽章から第4楽章の勝利のテーマへの高揚感が見事に表されています。ベートーヴェンの交響曲には、もう過去の機会音楽のような儀礼的な目的

ではなく、思想や哲学が音楽として表現されるようになりました。この曲も苦悩か
ら勝利へつながる人生ドラマを音楽において最高の方法で表したといえます。

　交響曲第6番『田園』も大変有名な曲です。本人談によると自然を書いた、とい
うよりは自然から受けた感情を書いた交響曲だそうです。とはいえ、雷鳴や鳥の鳴
き声、小川のせせらぎのような自然音の描写もあります。ウィーン郊外の葡萄畑の
広がるハイリゲンシュタットの農村で自然を楽しみながら書いたそうです。ちなみ
に、ハイリゲンシュタットにはベートーヴェンが通ったホイリゲ（酒場）や田園交
響曲の着想を得た小川（Schreiberbach、シュライバー川）と散歩道（Beethovengang、
ベートーヴェンの小径）、遺書を書いた家などが点在します（図5-14）。ぜひ一度、
ウィーンにいったら立ち寄ってみてください。

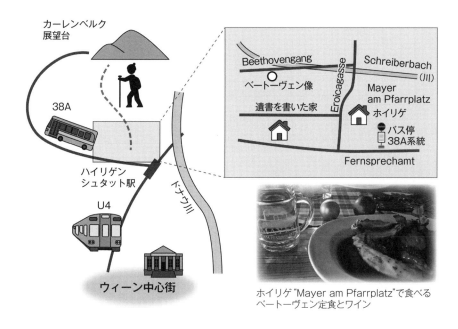

ホイリゲ "Mayer am Pfarrplatz" で食べる
ベートーヴェン定食とワイン

図5-14　ウィーン郊外のハイリゲンシュタット

　余談はさておき。この曲で、ベートーヴェンは従来の4楽章形式という固定概念
にとらわれず5楽章という構成にしました。この拡張はより自由に音楽にストーリ
ーを持たせる結果となり、また、これまで絶対音楽という形式美や構造美が重要で
あった交響曲に「あ、描写や心情を取り入れてもいいんだ！」という新たな道筋を

作ったことになりました。これは後の交響詩につながったといわれ、R.シュトラウスやリストなどにより数々の名作が生まれることになります。

最後の第9番の交響曲『合唱付き』については、皆さんご存知の通り交響曲に声楽が取り込まれた例です。合唱とオーケストラの組み合わせ自体はミサ曲やカンタータなどがあり当時としても特に目新しいことではないですが、交響曲という形式に「あ、声楽を使ってもいいんだ！」という、絶対音楽に歌詞を付けることを可とし、感情や思想をより直接的に伝えることができるという門戸を開いたことになります。

などなど、ベートーヴェンが行った数々のアイデアは後世の作曲家に影響を与えました。音楽以外にも、先にも紹介しましたが初めてメトロノームによる速度記号を楽譜に書きました。しかし、巨匠ベートーヴェンであっても、唯一オペラのジャンルでは決して成功したとはいえず何度も失敗して書き直しています。『フィデリオ』や『レオノーレ』といった作品はしばしば上演されますが、他の器楽曲に比べれば存在は薄いといえます（以上、文献[8][9][10]を参照）。

5.5 〉楽曲の形式

西洋音楽史の後半戦に入る前に、ブレークタイムとしてクラシック音楽の楽曲の形式について記しておきます。

5.5.1 動機と楽節

動機（motif、**モティーフ**）とは最小の音楽の構成要素です[11]。音楽的な意味を持った音符の単位と（あいまいながら）説明されるのですが、簡単な例では先ほどの運命交響曲のジャジャジャ・ジャーンの2小節のくくりを指します。

動機を2つつなげたものを**小楽節**といいます（図5-15）。同じ動機が2つでも、2つ目に変化があってもよく、さらに2つ目が別の動機であってもよいとされます。図の例ですと2×2で4小節になります。

さらに2つの小楽節で**大楽節**となり8小節の音楽ができます。先ほどの動機と同じく、2つの小楽節が同じである必要はありません。

楽節の長さは必ずしも2の倍数である必要はありません。モーツァルトのように特に2の倍数でない楽節で流れるような音楽を聞かせてくれる楽曲もあります。唱歌や

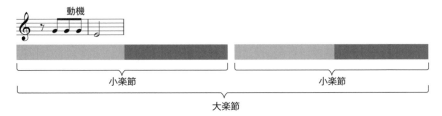

図5-15 動機と楽節

ジャズなどは小楽節を構成する小節の長さとして4の倍数が基準になっています。

動機には重心があり（拍頭や長い音価など）、同様に楽節にも重心がありますので、この重心を意識して演奏することが音楽の構造を明確にします。なお、**フレーズ**も似たような言葉ですが、こちらはより演奏や旋律線に沿った音群の区切りです。必ずしも楽節と切れ目が同じとは限りません。

続けて、楽曲の形式に話を広げますと、大楽節を2つつなげた曲を**2部形式**といい（ブラームスの『子守歌』や滝廉太郎の『花』など）、3つつなげた曲を**3部形式**といいます（『きらきら星』など）。

大楽節をa、b、c…としたとき、これらを組み合わせたまとまりをA＝{a, b}やB＝{c, d}のようにして大楽節群を作ったとします。さらに、この大楽節群をA-B-AやA-B-Cのようにまとめた形を複合3部形式といいます。特にA-B-Aの形はよく用いられる形式で、舞曲のメヌエットやガボット、スケルツォなどがこの形式に当てはまります。中間部のBは**トリオ**（trio）と呼ばれ、Aとは対比をなす部分で、Aとはテンポや長調／短調などとの変化を付けて対比を明確にします。

ロンドは、大楽節をa-b-a-c-aのように主題となる大楽節aを繰り返すその間に別の大楽節を挟んだ形式です。この単純ロンドを拡大してa-b-a-c-a-d-aと複雑にすることもできます。ロンドは日本語で旋回形式と訳され、主題aが何度も登場して印象付けられる方法です。よく、ソナタや協奏曲のフィナーレ（終曲）に使われテンポが速く華やかな曲想で書かれます。

5.5.2 ソナタとソナタ形式

ソナタ形式はクラシック音楽の代表的な形式です。曲名のソナタとは同じ言葉ですが、意味合いが異なります。

曲名のソナタの語源はイタリア語のsonare（鳴る）といわれていますが、元となるラテン語でsonareは「演奏する」という意味もあり、sonataはその名詞で「演奏」となります。器楽曲を指す用語で、古くはいくつかの曲をまとめて1つのセットにした曲の総称でした。そして、1つのセットにまとめられた曲群を構成する各曲は**楽章**と呼ばれ、相互に調性や緩急のテンポ、モチーフなどに関連性がある楽曲です。

　一方、ソナタ形式は、ソナタを含む協奏曲、交響曲などの器楽曲における構造や形式の名前です。ソナタ形式は交響曲やソナタなどの第1楽章によく用いられます。ハイドンやモーツァルトからベートーヴェンの初期の作品で完成された形になり、以降ロマン派にかけては各作曲家の創意工夫により拡張が行われていきます。基本は次のような形式を成します。

　　　主題提示部－展開部－再現部

さらに、各部を少し詳細化すると、

　　　序奏－第1主題提示－第2主題提示－小結尾（けつび）－展開部－第1主題再現－第2主
　　　題再現－結尾（コーダ）

のようになり、これらの各部の間に音楽を滑らかにつなぐ経過部が挿入されます。ここで、古典的なソナタ形式では主題提示部を繰り返すのが慣例です（この構成要素の多さが、クラシック音楽の演奏時間が長い理由ともなっています）。調性に対しては第1主題提示部と再現部は同じ主調ですが、第2主題は属調や近親調を使うことがあります。展開部の調性は曲によりけりで作曲家のこだわりやアイデアを見ることができます。

　さて、ソナタ形式による音楽の醍醐味は何でしょうか？ 主題の名旋律を聞くこともよいのですが、展開部で旋律が複雑に入り乱れ、じわじわとクライマックスを迎え、そして再現部で再び第1主題に解決されるドラマチックさでしょう。映画に例えるなら（ハリウッド映画でも水戸黄門でもよいですが！）、ハラハラドキドキのスリリングな展開で最高に緊張感が高まり、そこでバーン！正義の味方登場！みたいなスッキリ感、とでもいったらよいでしょうか。

5.6 管弦楽曲の発展と管弦楽法

　19世紀は**管弦楽曲**（オーケストラで演奏する曲）がクラシック音楽界の主役に躍り出た時代でもあります。中でも交響曲は作曲家にとって非常に重要なジャンル

となり、ベートーヴェン以降の作曲家は、交響曲を書くということに対して憧れと同時に恐れを持ってこのジャンルに挑んできたといっても過言ではありません。

管弦楽曲がより多く作曲されるに伴って、**オーケストレーション**と呼ばれる各楽器の使い方やハーモニーを形成する上での手法が研究されるようになりました。特に、フランスのロマン派作曲家であるエクトール・ベルリオーズ（1803-1869）は、オーケストレーションがうまい（楽器の効果的な使い方、バランスや音色の調和がよい様を指します）作曲家として知られ、名著『管弦楽法』（1844）は後の作曲家のバイブルとなりました。この著書は約60年後の1904年に、後期ロマン派の大作曲家であるリヒャルト・シュトラウス（R. シュトラウス、1864-1949）により改訂され、増補された新版ではワーグナーのスコアから多くの実例が引用されています。新版は日本語にも訳され出版されています。

もう一つ、管弦楽法の名著として伊福部昭（1914-2006）のそれが挙げられます。伊福部の『管弦楽法』[12]では単に作曲の技法だけでなく、音響学や物理学からの見地による楽器法の記述も多く盛り込まれ、楽器の構造や音のスペクトル解析も使って解説しているのが特徴的です。

ただ、これらの2つの著書は中身が大変充実しているのですが、ボリュームが大きくて（若干お値段も…）、入門書としてはちょっと悩ましいところです。筆者も辞典として活用していますが、入門として学習するのにちょうどよい書籍を巻末の参考文献に挙げておきます[13][14]。これらの本では端的に楽器の使用上の注意や和音上のパートの重ね方、参考例となる楽曲の紹介、練習課題などがまとまっています。さらに、単に楽器の音域や楽器の奏法のシンプルな説明書き程度でよければ、英語ですが千円程度でネットでも買える本もあります[15]。

5.6.1 楽器法

オーケストレーションをするにあたって、各楽器の出しうる音域を知らないといけません。また、音色の特徴や、得手・不得手な奏法なども知っておかないと、いざ演奏してみたら響きが悪かったりプレイヤーから「弾きにくい！」とのクレームを受けたりすることになります。ただし、ある奏法が困難かどうかは演奏者の腕前次第ということもあります。

ちなみに、楽器演奏の研究分野においては、演奏者の腕前で実験結果が左右されてしまうことが多いので、その技量の程度の区別として、未経験者、初心者、熟達

者（熟練者）などと表現しています。熟達者の程度については、プロ奏者はもちろん含まれますが場合によってはアマチュア奏者の中でも長い経験があれば含むこともあり、いずれにせよ論文では実験条件にどういう人が実験に関わったのかが明記されます。

さて、楽器法について全部は書ききれませんがいくつか特徴的な点を示しておきます（それこそベルリオーズや伊福部のような大著書になるボリュームですので）。

・弦楽器

まず、弦楽器からいきましょう。ヴァイオリン、ヴィオラ、チェロは弦が4本で、各弦は完全5度で調弦されます。ヴァイオリンは上からE5-A4-D4-G3で、ヴィオラはその5度下のA4-D4-G3-C3になり、チェロはヴィオラの1オクターブ下です。一方、コントラバスは4度の調弦で、弦の数は4本（G2-D2-A1-E1）ですが最低音を下げるため5本にしてC1もしくはB0まで出る5弦のコントラバスも使われます。下限の音は上記の最も太く低い弦の開放弦です。上限は物理の理論上は無限ですが、音色や実演奏の観点から限界はあります。オーケストラにおける編成は、順に並べるとファースト・ヴァイオリン（Vn.1）、セカンド・ヴァイオリン（Vn.2）、ヴィオラ（Va.）、チェロ（Vc.）、コントラバス（Cb.）です。16型と呼ばれる編成は、Vn.1が16人、Vn.2が14人と、以下2人ずつ減らすのが標準的です。マーラーやショスタコーヴィチなど迫力ある大音量を求める曲では大型の16型編成になりますが、古典の作品や協奏曲、弦楽合奏曲では12型編成や、ずっと小さくVn.1が4人しかいなかったりVc.、Cb.が1人ずつだったりと様々です。

弦楽器の特徴として同時に複数の音を演奏する**重音奏法**があります（図5-16）。一人で和音を響かせられ、また旋律をハモらせるので、演奏に華やかさを与え、特に協奏曲では効果を上げます。ただ、上記の開放弦の音の配置から、演奏しやすい重音と難しい重音、組み合わせによっては不能な重音があります。開放弦を含む重音は演奏しやすく響きも豊かになります。一方、3度音程の重音は左指のフォームから上手な人なら可能で、2度音程は開放弦の隣りならよいですがそれ以外は難しい重音です。完全5度は、開放弦でない場合は初級者にとっては音程が取りにくいといえます。また、オクターブや10度の重音はテクニックが必要ですので協奏曲や技巧的な（ヴィルトゥオーゾな）曲で使われます。

弦楽器特有の奏法としては、通常の弓で弾く（arco、弓の意味）他に、表5-1に

弾きやすい重音で開放弦も使われてよく響く
モーツァルト：『アイネ・クライネ・ナハトムジーク』より

連続3度の重音は難しいが華やか！ ブラームス：ヴァイオリン協奏曲 第3楽章より

とても難しい！ パガニーニ：『24のカプリース』第4番より

（出典：Leipzig: C.F. Peters, n.d.（ca.1900））

図5-16　ヴァイオリンの重音の例

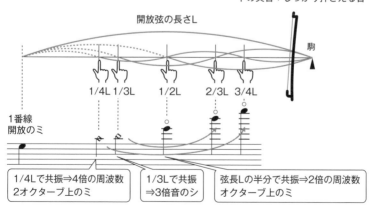

図5-17　弦楽器のハーモニクス奏法と原理

表5-1 弦楽器の奏法と記譜

奏法名	記譜	奏法名	記譜
弓で弾く（⊓ダウン・∨アップ、arcoと記述）		ピチカート：指で引っ掛け弾く（pizz.と記述）中央は指板に当たるように強く引っ張りはじく。右は左指によるピチカート	pizz. ※◊はバルトークピチカートと呼ばれる
スラー：一弓で弾く右はスタッカートを付けて切るように一弓で弾くことを示す		コル・レーニョ：毛ではなく弓のスティックで弾くカチカチと木にぶつかる／擦るノイズを含む音になる	col legno
トレモロ：短く刻んで弾く刻む短さは音価に従う場合と適当に切る場合がある（後者はtrem.と記す）		スル・ポンティチェロ（駒）：駒の上もしくは直近で弾く金属的な高周波ノイズが多く含まれる	sul pont.
アルペジオ：分散させて弾く下の音の長さは音楽表現に依存。波線に矢印を付けて上下の方向を指示することもある		スル・タスト：指盤の上を弾くぼやけた柔らかい音になる	sul tasto
グリッサンド：左指をずらすようにして音高を変える	gliss.	ハーモニクス：記譜の位置に軽く指を乗せて弾く自然倍音が出る	

示すように指で引っ掛け弾くピチカート（pizzicato）、細かく刻んで弾くトレモロ（tremoro）、弦を押さえている指をスライドさせて音程を変えるグリッサンドやポルタメント、弱音器（ミュート）を付けるコン・ソルディーノ（con sordino）、弦の半押さえによるハーモニクス（フラジオレット）などがあります。

ハーモニクスは、弦の長さを2等分・3等分・4等分して開放弦の基音の倍数の周波数を出す奏法です。図5-17のように、開放弦ミ（E）の1オクターブ高いミの位置で弦を軽く左指で押さえると弦の長さは半分になり、周波数は2倍になります。このときは小さな○を音符に付け、通常のしっかり弦を押さえるときと区別します。記譜上の音高は変わりませんが、ハーモニクスになると倍音成分が多い音色になります。次に、弦長Lの1/4であるラに指を軽く乗せ置くと弦の共振波長（定在波）が開放弦の弦長の1/4になるため4倍の周波数が鳴り、2オクターブ上のミの音が

出ます。このときは音符の形を◇にします。ここで、もし、しっかりとラを押さえると、この場合は弦振動の基本波長が駒と指の間の3/4*L*になりますので、このときのピッチは逆数の4/3倍になります。つまり完全4度上の音のラになるわけです。さらに、弦長の1/3のシの位置のハーモニクスは元の開放弦ミの3倍音のシが出ます。これらのように自然倍音によるハーモニクスは、ナチュラル・ハーモニクスといいます。

一方、ある音を押さえた状態で完全4度上の音程を軽く押さえるハーモニクスもあります。これは弦の基本波長が元の1/4になる位置ですので、先ほどのように2オクターブ上のピッチが出ます。このやり方は人工ハーモニクスとかアーティフィシャル・ハーモニクスといっています。こちらは完全4度で正しく押さえないといけないので難易度が高い奏法です。

・木管楽器

次に木管楽器です。それぞれ音域、音色、強弱の各特徴に加え機械的なキーの都合による演奏の困難なパターンに注意する必要があります。木管楽器はオーケストラではフルート（Fl.）、クラリネット（Cl.）、オーボエ（Ob.）、ファゴット（バスーン、Fg.）を指します。作曲家によってピッコロ（Picc.）、ソプラニーノ・クラリネット（E♭管、Esクラリネット、通称エスクラ、Es.Cl.）、バス・クラリネット（B.Cl.）、オーボエ・ダモーレ（イングリッシュホルン（E.Hr.））、コントラ・ファゴット（C.Fg.）などの特殊管が加わります。

オーケストラにおいては、19世紀までは各楽器が2本ずつの2管編成が標準的で、各楽器共にファースト・パートは上の声部や旋律を担当しソリストとしての役割があり、セカンド・パートは下の声部や内声部を受け持つ役割を持っています。20世紀に入ると大型のオーケストラ曲が書かれ、特殊管を加えて3管編成、4管編成まで拡大しました。そして、グスタフ・マーラー（1860-1911）の交響曲第8番『一千人の交響曲』のように巨大なオーケストラ曲にまで発展しました（図5-18）。

フルートは、低音域は豊かに響き、中高音は華やかに輝かしい音色の楽器です。分散和音（arpeggio、アルペジオ）やスタッカートなど速いパッセージも軽やかに演奏できます（図5-19、5-20）。息の量を考えなければいけないのですが、図5-19の一番上の譜例のようにファーストとセカンドの連携による連続もできます。低音から中音は『牧神の午後への前奏曲』（図5-36を参照）に代表されるように音色は

図5-18 マーラー：交響曲第8番『一千人の交響曲』フィナーレより（出典：Vienna: Universal Edition, 1911）

柔らかく独奏にはむきますが、このとき他の楽器の伴奏を薄くしないとせっかくの
ソロが埋もれてしまいます。一方、高音域ははっきりと聞こえヴァイオリンや他の
楽器と重ねると旋律の輪郭がきれいに浮かび上がりよく重ねて用いられます。

ラヴェル：バレエ音楽『ダフニスとクロエ』よりファーストとセカンド・フルートのソロ
（出典：Paris: Durand、1913）

ロッシーニ：歌劇『絹の梯子』序曲よりオーボエのソロ

ラフマニノフ：ピアノ協奏曲第2番 第2楽章よりクラリネットのソロ

ストラヴィンスキー：バレエ音楽『春の祭典』冒頭よりファゴットのソロ
Igor Stravinsky: The Rite of Spring

図5-19 フルート、オーボエ、クラリネット、ファゴットの譜例

オーボエは、独特の音色から旋律楽器としての存在です。息を少しずつ出す楽器で長いフレーズも演奏できますが、奏者はいつも顔を赤く張らしているので曲中に休憩をしっかり取るように作曲します。魅力的な音色は中音域で、C6以上の音も出ますがこの音域はフルートの方がよいとされます。オーボエは旋律楽器としてソロを任されることも多いです。

クラリネットは、移調楽器でA管とB♭管の楽器があります。それぞれ楽譜上のドを吹くと実際はそれぞれラ、シ♭が出ます。そのためスコアを見るときには読み替えする必要があり、スコア上では調号が弦楽器や他の木管楽器と異なって記譜されます。図5-20に示すように、クラリネットの音色は低音域（シャリュモー音域）と高音域（クラリーノ音域）が魅力的な音色です。一方、その両方をつなぐブリッジ音域（G4-B♭4）は倍音が少なく暗く寂しい音色であり、ソロの旋律には向かない音域です。特殊な奏法としては、ガーシュウィンの『ラプソディー・イン・ブルー』冒頭の有名なソロに見られるようなグリッサンドや、弦のピチカートに似たスラップ・タンギングなどがあります。

ファゴットは、どの音域でもユニークな音色で、鼻にかかった音色は道化的であり神秘的で、ストラヴィンスキーの『春の祭典』の冒頭のソロはあまりにも有名です（図5-19）。ショスタコーヴィチの交響曲第9番 第4楽章のアイロニックなレチタティーボも特筆しておきましょう。他の木管楽器とアンサンブルするときは低音声部を受け持ち、クラリネットとの四声のハーモニーはよく適合します。

・金管楽器

金管楽器の編成は、フル・オーケストラのときは、ホルン4本、トランペット2本、

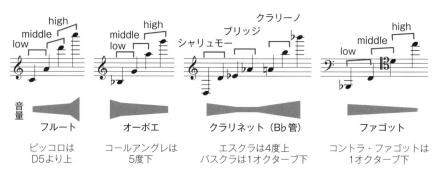

図5-20　木管楽器の音域（実音）と音量（参考：『Essential Dictionary of Orchestration』[15]）

179

テナー・トロンボーン2本、バス・トロンボーン1本、チューバ1本となっています。ホルンとトランペットはより華々しい効果を演出したいときに本数が増やされることがあります。特に、バンダ（banda）と呼ばれる別部隊が通常のオーケストラ編成に追加されて、時に客席や舞台袖などステージから離れた場所で演奏することがあります。ヤナーチェクの『シンフォニエッタ』の金管編成は圧巻で、ホルン4、トランペット3、トロンボーン4、チューバ1に加え、バンダのトランペット9、バス・トランペット2、テノール・チューバ2の計23本の金管楽器を必要とします。

ファースト・パートは素晴らしいソロを吹く役目もありますが、基本的には金管楽器はハーモニーを受け持ち、音色の調和を大切にするパートです。ですから、ホルン奏者であれば4人の奏者は互いにバランスと音色を大切にしますし、作曲家も響きのよい和音配置を考える必要があります。

ホルン（Hr.）の音域は広く低音域はヘ音記号で書かれます。低音域では持続音として和音の下を支える用法がよく、旋律はC4からE5あたりが美しく響きます。ただ、ホルンという楽器はマウスピースが小さく細いため、ねらった音を出しにくく、プロでも音をはずすこともあるナイーブな楽器なのです。高音域は要所で使うのはよいのですが長く高音域を吹くのは奏者にとって大変です。ホルンは3度、4度、5度の明快ですっきりとした純正律和音にてその音色の持ち味を発揮する楽器ですが、ソロとして旋律を吹かせても絶品です。よだれもののオイシイ名旋律は、チャイコフスキー、ブラームス、ブルックナーなどなと、ロマン派の作品に数々の名曲があります（図5-21）。巨匠たちも心得ていて、曲中のいいタイミングで柔らかく包み込むような音楽をホルンに託します。また、モーツァルトやR.シュトラウスに代表されるようにいくつかの協奏曲があります。ホルン特有の奏法に、ゲシュトップというベルの中に手を強く入れて閉じ、息の圧力を強くして荒々しい音を出す奏法があります。

トランペット（Tp.）は、オーケストラで一番目立ち、かつ誰も勝てないほどのパワーの持ち主です。冒頭のファンファーレに、あるいは軽快なギャロップのリズムに、曲のクライマックスで盛り上げ役にと、とにかく目立つ存在で、ここぞという大一番で効果的に使われます。それ以外は和音の補助やアクセントとして使われ、一般的にホルンほど出番は多くありません。19世紀初期まではバルブ（ピストン）がなかったので自然倍音しか出せなく、ハイドンやモーツァルトの時代までは和声音でしか使われませんでした。その後、メロディを任されるようになり、19世紀

末から20世紀のロマン派や国民楽派ではオーケストラの花形楽器として躍り出ます。ドヴォルザーク、リスト、R.シュトラウス、そしてマーラーやブルックナーらは、ペット吹きの大好きな作曲家でしょう。なお、図5-21の譜例の中の、「a 2」は2人（2パート）で一緒に吹くという意味です。

金管楽器は**ミュート**（弱音器）を使って詰まった弱い音色にする奏法がしばしば見られます。con sordino（コン・ソルディーノ）はミュート（sordino）を付けて（con）という指示で、外すときはsenza sordino（センツァ・ソルディーノ）と書きます。特にトランペットはミュートの種類が豊富で、ポワーンとおどけた音のするワウワ

チャイコフスキー：交響曲第5番 第2楽章より

スッペ：喜歌劇『軽騎兵』序曲より（a 2とは2人（2パート）でという意味）

リムスキー＝コルサコフ：交響組曲『シェエラザード』第2楽章より

ベルリオーズ：劇的物語『ファウストの劫罰』「ラコッツィ行進曲」より

図5-21　ホルン、トランペット、トロンボーン、チューバの譜例

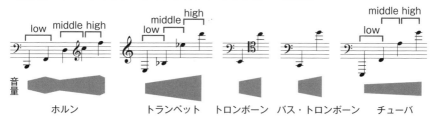

図5-22　金管楽器の音域（実音）と音量（参考：『Essential Dictionary of Orchestration』[15]）

ウ・ミュート（ハーマン・ミュート）やカップ・ミュートなど、ジャズでの使用の
イメージがあるかと思いますが、クラシックでもミュートが使われることがありま
す。

　トロンボーン（Tb.）は、神聖な楽器とされ静かなピアノ（*p*）でハーモニーを
奏でたときの美しさが魅力的です。もちろんフォルテッシモ（*ff*）による力強さ
や荘厳さといった表現も可能です。ブラームスの交響曲1番 第4楽章のコラール、
ベートーヴェンの交響曲第6番や第9番、シューベルトの交響曲第8番『グレート』、
ショスタコーヴィチの交響曲第9番 第4楽章などがその好例です。奏法の特徴とし
てはスライドを持つためグリッサンドが容易にできます。ただし、スライドの位置
がまたがるような第1ポジションと第7ポジション間ではグリッサンドはできませ
んし、両ポジションを行ったり来たりを素早く行うことは難しいので気を付けなけ
ればいけません。

　チューバ（Tu.）は、残念ながらオーケストラの中では出番が少ない楽器です。
かつてはオフィクレイドやセルパンといった楽器が低音パートに使われていまし
た。1835年にモーリッツのバルブ式チューバが開発されてから使われるようにな
り、オーケストラにとっては比較的新しい楽器です。ベルリオーズが重宝して使っ
ていて、あとはワーグナーの『マイスタージンガー』やR.シュトラウスの交響詩『ツ
ァラトゥストラはかく語りき』など、時々さりげなく下の方でブンブカと旋律を吹
いていますので、一度よく注意してCDを聞いてみてください。バス・トロンボー
ンとチューバは、チェロとコントラバスの関係のように重ねて用いられることがよ
くあります。

・打楽器・鍵盤楽器など

　打楽器と鍵盤楽器、ハープはオーケストラにアクセントと彩りを添えます。
　ティンパニは最も重要な打楽器で、ピッチを持ち2つまたは4つセットで用いら
れ基本的に調の主音と5度にチューニングされます。古くは固定ピッチでしたが、
最近はペダルでピッチを自由に調整できるので、曲間でもピッチが変えられるよう
になり転調に対応しやすくなっています。1音ずつ叩くだけでなく、ロールまたは
トレモロでドロロロロと連打する奏法がよく出てきます（トリル記号やトレモロ記
号で書かれます）。
　他にはバスドラム（大太鼓）とスネアドラム（小太鼓）、シンバル、トライアン

グル、タンバリンなどがよく使われる打楽器群です。ただ、これらは必要なときに効果的に用いられるべきで、やたらめったらと叩かせません。とはいえ、逆に少なすぎるのもオケの経済性や奏者のスケジュール的な観点からするともったいないことです（音楽的な理由ではなくなりますが）。有名な話として、ドヴォルザークの交響曲第9番『新世界より』では、曲の中でシンバルはたった1音しかありません。しかも、叩くのは第4楽章の64小節目で、最初から聞いていると30分を過ぎたあたりなので、うっかりしていると貴重な一発を聞き逃してしまいます。これは極端な例ですが、たった数個の音のために奏者は練習に行かなければならなかったり、楽器を借りて運んだり、本番の奏者のエキストラ代…となると、オーケストラの運営サイドとしては悩ましい話です。ティンパニ奏者は専属ですが、あとの打楽器は一人か二人くらいを想定して作曲するのが適度、とゴードン・ヤコブの管弦楽法の教科書[13]で注意されています。

　ピアノ、オルガン、チェレスタ、木琴なども、時々オーケストラで使われます。オーケストラ曲でのオルガンはパイプオルガンを指しますが、使えるホールは日本だとサントリーホール、東京オペラシティ、東京芸術劇場など有数の大ホールに限られます。使用例としては、サン=サーンスの交響曲第3番『オルガン付き』は有名ですし、他にはR.シュトラウスの交響詩『ツァラトゥストラはかく語りき』『アルプス交響曲』、フォーレやデュリュフレなどのレクイエムなどがあります。

　打楽器群とオルガンで壮大な交響曲の締めくくりの例として、先ほどの図5-18のマーラーの交響曲第8番『一千人の交響曲』を挙げておきます。

　ハープは、オーケストラと親和性もよくロマンティックな表現にマッチすることからよく使われる楽器です。チャイコフスキーのバレエ音楽にその好例が見られ（図5-28を参照）、『くるみ割り人形』の「花のワルツ」、『白鳥の湖』の王子とオデット姫のデュエットは珠玉の一曲。他にはバルトークの『オーケストラのための協奏曲』やドビュッシーの交響詩『海』など多数ですが、特にマーラーの交響曲第5番第4楽章「アダージェット」やマスカーニの歌劇『カヴァレリア・ルスティカーナ』の間奏曲などは、美しい旋律を引き立てる最良の伴奏例として挙げておきます。

5.6.2　和音の配置と楽器の重ね方

　以上、各楽器単体の特徴と用法について列挙しましたが、次に楽器間の和音の配置について概要を示したいと思います。作曲・編曲並びに分析や自動作曲をする際

の基本的な原則とポイントをいくつか挙げておきます。

　まず、低音声部を受け持つ楽器同士はオクターブ配置にするのがよいとされます。濁りのないハーモニーを作るのに適しています。弦でいえばチェロとコントラバスで、同様なことはファゴット、トロンボーン、チューバのパートにもいえます。

　これらの楽器で、低音域で3度音程や5度音程の和音にすると、濁って聞こえ重いハーモニーになります。というのも、2.2.5項で取り上げた不協和度の計算の話に戻りますが、純音の不協和度は500Hz以上（だいたいC5以上）の和音では、臨界帯域幅が1/4なので約3/4半音の音程が最も不協和になります。しかし、それ以下の低音域では1/4という比率ではなく固定幅で100Hzくらいが臨界帯域幅となり、不協和度が最大となるのは25Hzといわれます[16]。そうすると、チェロでいうと、ピアノの中心音のド（C4）より1オクターブ下のG線のド（C3、130.8Hz）の周辺では、短3度が不協和度の最大音程で、さらにC線のド（C2、65.4Hz）では完全5度までも不協和感を感じてしまうのです（図5-23）。

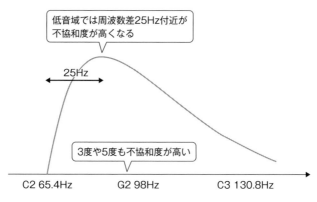

図5-23　低音域での不協和度曲線

　よって、昔から感覚的・経験的に、低弦楽器のコントラバスとチェロはオクターブ離し、チェロ・アンサンブルにおいても低音のG線やC線あたりでは3度音程はあまり用いられません。あえて何かゴウゴウとした音響効果を望む場合以外は使わないほうがよいです。逆に、この特殊な暗く重いハーモニーを使ったのがチャイコフスキーの交響曲第6番『悲愴』です。冒頭のコントラバスのディビジ（divisi、パート内で分けて弾くこと）や第4楽章最後のチェロは重く沈んだ雰囲気をよく表しています。

図5-24　ブラームス：交響曲第4番 第2楽章より

　一方、ヴィオラ、ヴァイオリン、同様にクラリネットやオーボエ、フルートでよく使われる3度や6度の並行による旋律や伴奏のハーモニーはとても美しく響きます。各パートを開離配置にすると各声部の明瞭度は増します。一方で、弦楽合奏であえてヴァイオリンの音域を下げて中低音域で密集配置にすると、中身の詰まった豊かなサウンドが得られます。この弦楽器による素晴らしいサウンドの好例は図5-24のブラームスの曲に見られます。

　木管同士の重ね合わせについてはいくつかの指摘があります。木管5部を例に取ると、基本的には上の声部からフルートーオーボエークラリネットーファゴットと配置します。ホルンは中低音を橋渡しするように配置されます。ファーストはセカンドよりも上の声部を当てます。

　ロングトーンで美しくハーモニーを聞かせるには、オーボエとクラリネットは図5-25の①の左のように挟み込み配置にするとよいとされます[13]。一方、オーボエとフルートは分けて積み上げるように配置し、ホルンは中音域を埋めるとよいバランスになるとされています。もちろん低音の根音のファゴットは、オクターブまたはユニゾンの配置にします。

　ただ、強くはっきりと木管パートの旋律線の存在を示したい、和音の動きを大人数の弦や音量の大きい金管に負けないように聞かせたいときは、図5-25の②や③のようにユニゾンやオクターブで配置することも多いです。音高の順番は先ほどの基本の通りですが、ベートーヴェンやシューベルトの頃からその傾向があります。その後のブラームス、R.シュトラウス、リムスキー＝コルサコフ、ショスタコーヴィチなど多くの作曲家で、クラリネットをオーボエと同じ高さに重複するように配置して、フルートは1オクターブ上とすることが多いようです。特に高音で強い印象を付けるのにR.シュトラウスやショスタコーヴィチはEsクラリネットやピッコ

ロをフルートと重ねています。

　モーツァルトの交響曲において完全に2管編成になっているのは、交響曲第31番『パリ』と35番『ハフナー』ですが、モーツァルトは様々な配置を試しているかのように統一性はありません。『ハフナー』の第1楽章冒頭ではフルートとオーボエを高音部でユニゾンにしてみたり、他にもクラリネットをオーボエの1オクターブ下で重ねてみたり、上述のような挟み込みにしてみたり、フルートの2番とオーボエの1番を重ねたり、オーボエが最高声部になったり…いろいろです。

　次に、金管楽器の和音の重ね合わせについてもいくつかピックアップしたいと思います。ウィーン古典派からロマン派の始めは弦楽器と木管楽器がオーケストラの

①木管5部の挟み込み配置の例

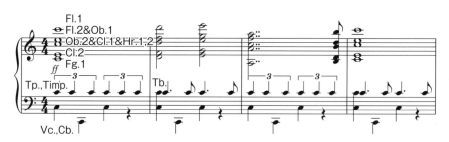

②重複配置（シューベルト：交響曲第8番 第1楽章より）

③オクターブの重ね合わせ（ブラームス：交響曲第3番 第4楽章より）

図5-25　木管五部の和音配置の例

主役で、金管楽器はまだ和音の補強やファンファーレとしての扱いで、ソロ楽器としての見せ場は少なかったのです。金管楽器のオーケストレーションが発展したのは、ベルリオーズ、レスピーギ、ラヴェル、リムスキー＝コルサコフ、スメタナなどなど、ロマン派最盛期の華やかで大編成の管弦楽曲が増えた頃になってからで、フランスやロシア、チェコの作曲家に管弦楽法の名人の作曲家が多く登場しました。また、ウィーンの作曲家のブルックナーとマーラーのように重厚で荘厳な金管楽器のサウンドも外すわけにはいきません。

　配置の基本は上の声部から、トランペット、ホルン、トロンボーン、バス・トロンボーン、チューバの順です。バス・トロンボーンとチューバはしっかりとした下からオーケストラを支えてくれるパートですが、上述の通り低音の不協和度の関係からオクターブ配置を推奨しています。しかし、ブルックナーの例のように5度で中身の詰まった使われ方もあります。また、チューバは柔らかく吹くと低音のホルンとの親和性もよく、テナー・トロンボーンの下でのセカンドもしくはフォースのホルン・パートのオクターブの重ね方も良しとされています。トロンボーン同士の和音配置については、柔らかいもしくはしっかりしたサウンドを求めるのであれば中低音域で開離配置にして、一方、すっきりと輝かしいサウンドであればテナー・トロンボーンを高めの配置にして開離もしくは密集の配置を用いるとよいとされています。

　図5-26に金管アンサンブルの例として、重厚で中身の詰まったブルックナーと華やかなレスピーギの実例を挙げました（声部間の比較のためin Cにそろえています）。オットリーノ・レスピーギ（1879-1936）の交響詩『ローマの松』は吹奏楽でも人気の曲ですが、特に「アッピア街道の松」では客席に配置したバンダが立体的な音響効果を上げています。

　以上、楽器の使い方や和音における楽器の配置について、先達の巨匠の譜例を挙げながら紹介しました。

5.6.3　伴奏

　音楽の理論書でも意外と触れられていないのが伴奏についてです。伴奏の役目は、主旋律の自由な線的動きに対して和声進行が分かるようにし、かつ音楽のテクスチャともいったらよいかもしれませんが、旋律を取り囲む音楽の背景を表現します。

　ロングトーンで伸ばした和音で伴奏すれば、落ち着いた印象になります。ff で刻みやトレモロで伴奏すれば何か荒々しさや激しさなどを感じさせ、分散和音や音階

ブルックナー：交響曲第7番 第3楽章より

レスピーギ：交響詩『ローマの松』「アッピア街道の松」より

図5-26　金管アンサンブルの実例

を使えば起伏やうねりのような何らかの流れを表現できます。音楽のテクスチャという観点から、交響詩を多く書き情景描写や心理描写が得意だったR.シュトラウスの作品の中から『アルプス交響曲』を紹介します。この曲には全曲を通して「夜～日の出」「登山」「牧場」「滝」「山頂」などなど情景を表すテキストが添えられています。第1章で、器楽曲は音響的な創作物であって感情や情景を表せないと述べました。しかし、この『アルプス交響曲』では作曲家の添えた情景を表すテキストと併せて音楽を聞くと、なるほど確かに、日の出だ、滝だ、と音楽が表している情景描写に共感と納得ができます。その共感と納得を得るための表現力は、やはり作曲家の力量ということになります。

　その情景描写の説得力に大きく貢献しているのが、音楽のテクスチャである旋律の裏にある伴奏です。

　図5-27の「夜～日の出」のシーンでは、太陽がまぶしく輝く様子は（これは筆者の勝手な想像）トランペットの吹く雄大な旋律と輝かしい音色で表現しているように思えます。ここで、うごめき続ける木管楽器と弦楽器の細かな分散和音が絶妙なのですが、山と森の未明のざわめきや冷涼な空気の流れを想像させ、その大自然

図5-27 R.シュトラウス：交響詩『アルプス交響曲』「夜〜日の出」より（出典：Leipzig:
F.E.C. Leuckart, 1915）

の描写をクレッシェンドで最高潮に導き、その結果として日の出の輝かしさを感動
的に表現できているといえます。

　また、「滝」の水しぶきの描写についても、各楽器の細かな音符によるテクスチ
ャが見事にマッチした例といえます。聴覚や視覚から得られる水しぶきのイメージ
を楽音に抽象化するのはR.シュトラウスの得意技です。ここで、水しぶきだから
といって本当に水滴音を音楽に取り組んでしまっては興ざめなのです。そういう意
味で他の作曲家で例を挙げると、ルロイ・アンダーソンの『ワルツィング・キャッ
ト』という弦楽器のグリッサンド（ポルタメント）をうまく猫の鳴き声に見立てた
人気曲があります。本当の猫の鳴き声を録音して使っていないから面白いのです。
ちなみに、他に朝の情景を書いた伴奏の好例として、オーケストレーションの名手
モーリス・ラヴェル（1875-1937）のバレエ音楽『ダフニスとクロエ』より「夜明け」
を挙げておきます。

　さて、伴奏の形は次のように大別できます。

　　1. ロングトーン

　　2. 拍子を刻む

　　3. 細かい音で刻む

　　4. 特定のリズム

　　5. 分散和音

　　6. 音階

エルガー：『威風堂々』より

ドヴォルザーク：弦楽四重奏曲第12番『アメリカ』第1楽章より

チャイコフスキー：バレエ音楽『白鳥の湖』「情景」より

図5-28　伴奏のパターン

7. これらの組み合わせ

となります。また例によって、巨匠たちの作品よりピックアップして図5-28に示
しておきます。1.のロングトーンは、ドヴォルザーグの弦楽四重奏曲第12番『ア
メリカ』の第2主題のように、のどかな落ち着いた雰囲気を背景に郷愁的なペンタ
トニックのメロディが浮き上がってきます。その右のエルガーの『威風堂々』は
2.の例で、確固たる4分音符のリズムに威厳ある旋律が、そしてチャイコフスキー
の『白鳥の湖』では弦のトレモロ（3.の例）とハープの分散和音（アルペジオ、
5.の例）に有名なメランコリックな旋律が演奏されます。

　あと、作曲・編曲において大切なことなのですが、伴奏が伴奏らしくあるために
は、伴奏の音型がしばらく継続している必要があります。コロコロと毎小節で伴奏
の形が変わるのはよくなく、ある程度の回数、同じパターンを聴衆に聞かせてあげ
る必要があります。先述のようにゲシュタルトを構築して伴奏のパターンを受け入
れるにはある程度の長さの時間が必要なのです。しかし、ずっと同じ伴奏では聞い
ていて音楽に変化がなく飽きてしまいます。さしずめ大楽節1つないし2つくらい

で別の伴奏に模様替えしたほうがよさそうです。この点については、もし楽譜が手に入るようでしたらモーツァルトの後期の交響曲や弦楽四重奏曲などの名曲をご参照ください。

　ところが、ひたすら同じ伴奏を強いるという鬼のような曲もあるのです。その筆頭ともいえる曲はモーリス・ラヴェル（1875-1937）の『ボレロ』です。ボレロとは18世紀のスペイン発祥の3拍子のリズムで、ラヴェルの『ボレロ』ではスネアドラムが最初から最後までこのリズムを休まず叩きます。途中で鼻がムズムズしてきても、くしゃみすらできません！　一曲演奏すると169回このパターンを繰り返し、なんと打数は約4000発になります。

　もう一つ、鬼伴奏の例としてシューベルトの歌曲『魔王』を挙げておきます（図5-29）。これも有名曲ですね。音楽の教科書に載っていて授業で聞いた人も多いかと思います。不気味で不思議な歌詞と共に、馬の駆る様子を表したピアノの右手の3連符の伴奏。大変素晴らしい名曲なのですが、しかし！この右手の伴奏はピアニスト泣かせなのです。オリジナルでは、オクターブの3連符を約150小節、4分間もほぼ休まず連打し続けなければいけません。しかも、BPM＝152と高速ですので1打あたり$60 \div 152 \div 3 = 0.13$秒で！　書いたシューベルト本人も「難しくて私には弾けない…」といったそうです。ということで、3連8分音符でなく普通の8分音符の伴奏にされた版も出版されています。

図5-29　シューベルト：歌曲『魔王』の冒頭より。ピアノ伴奏の高速3連符が最後まで続く（出典：Vienna: Diabelli, n.d.（1821））

5.7 記号と標語

5.7.1 強弱記号

音の強弱を記号で表すときにイタリア語の *f*（forte、フォルテ）と *p*（piano、ピアノ）を使うことが慣例になっています。ただ、この音の強弱は何 dB というように数値では表せません。あくまでも感覚的で相対的なものです。

そもそも、バッハより前には音量記号はほぼありませんでした。バロック期になり強弱の指示が forte や piano と書かれ始め（図5-30）、バッハはイタリア語の più piano（ピュウ・ピアノ、より弱く）として *pp* を書き、さらに pianissimo（ピアニッシモ、とても弱く）を使いました。少しを意味する poco（ポコ）を伴って poco forte や poco piano も使っていました。その後、ハイドンやモーツァルトになると限定的に *ff*（fortissimo、フォルテッシモ、とても強く）と *pp* が現れ始めました。

ベートーヴェンの頃には *ff* と *pp* はひんぱんに使われるようになります。ピアノの性能の向上により強弱表現の幅が増えたことがうかがえます。ただ、中間的な強弱を意味する *mf*（mezzo forte、メゾ・フォルテ、やや強く）と *mp*（mezzo piano、メゾ・ピアノ、やや弱く）は時折見る程度です。その後、さらに音楽表現の強弱の幅が広がり、チャイコフスキーは *ffff* や *pppp* まで使うようになりました。こうなると、もはや *p*、*pp*、*ppp*、*pppp* の弾き分けは音響的には難しく、弾き方などで音色の工夫が必要となってしまいます（中には、顔の表情や身振りで示せ！という指揮者もいたり…）。

1つの音符を限定で強めるのに *sf*（sforzando、スフォルツァンド）があります。似たものとして *fz*（forzato、フォルツァート）、*rf*（rinforzando、リンフォルツァンド）などがありますが、これらは前後の音量に対してより強く弾く意味合いがあります。

また、徐々に変化させたいときに、crescendo（クレッシェンド）や decrescendo（デ

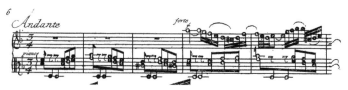

図5-30　バッハ：『イタリア協奏曲』より、forte と piano の指示（出典：Nuremberg: Christoph Weigel, n.d.（1735））

クレッシェンド）、diminuendo（ディミヌエンド）、morendo（モレンド）などがあ
ります。強弱を線で視覚的に表すこともあります。よく使われる強弱記号を表5-2
にまとめておきます。

表5-2　強弱記号

記号	意味	標語・記号	意味
fff	極めて強く	crescendo（cresc.）	次第に強く
ff	とても強く	decrescendo（decresc.）	次第に弱く
f	強く	diminuendo（dim.）	次第に弱く（テンポの緩みも含まれることがある）
mf	やや強く		
mp	やや弱く	poco	少し
p	弱く	poco a poco	少しずつ…する
pp	とても弱く	subito（sub.、スービト）	すぐに
ppp	極めて弱く	morendo、smorzando（スモルツァンド）	消え入るように弱く

5.7.2　表現に関する指示と記号

　ヴォルクガング・アマデウス・モーツァルト（1756-1791）のお父さんであるレ
オポルト・モーツァルト（1719-1787）は音楽教師・理論家として後世に名を残し
た人です。著書『ヴァイオリン奏法』は史上初めてのヴァイオリンの指導書として
現在も出版されています。ビブラートや装飾音についての記述がされていて当時を
知る資料にもなります。**ビブラート**は、弦を押さえている指を周期的に振動させ周
波数と振幅を揺らす奏法です。今日では常にかける演奏が多いですが、かつては装
飾の一種で即興的に用いられていました。

　装飾音は、ある音符に細かな音符を装飾的に付加することで表5-3のように多種
あります。何回装飾音を入れるかはテンポや曲想などにもよりますので、必ず表の
通りとは決まっていません（上述の通り元来即興で入れる音符です）。

　図5-31のトレモロ（いわゆる刻み）は短い音の連打ですが、弦楽器であれば弓
を細かく刻んで弾き、管楽器であればフラッター・タンギング（フラッターツンゲ）
で演奏します。だいたいが指定の音価で演奏しますが、霞んだ感じやザワザワとさ
せたいときのように、几帳面に音価通りでなく適当なときはtremoro（trem.）と記
述を加えます。

表5-3 装飾音

説明	記号 ➡ 奏法
トリル：記譜音より1つ上の音高で連続的に装飾する 上の音から入る場合と記譜音から入る場合がある。数はテンポや音価に依存する（テンポが速いほど入れられる数が減る）	
前打音（長前打音）：記譜音の半分の音価にすることが多い	
前打音（短前打音）：ごく短く 拍の前に入れる場合と拍の頭に入れる場合がある	
複前打音：複数音の前打音 右はトリルとの組み合わせの例	
プラルトリラー／モルデント：上に装飾／下に装飾 音高を臨時記号で半音上下させることもある	
ターン：上下に1つずつ装飾する 入れるタイミングや速さはテンポに依存する。音高を臨時記号で半音上下させることもある	

図5-31 トレモロの記譜と奏法

trem. と書いたときは数は適当に

表5-4 奏法に関する表現記号

記号	意味	標語・記号	意味
	スタッカート：短く切る		**スラー**：異なる音高をつながるように **タイ**：同じ音高を切れないように
	スタッカーティッシモ：より短く切るまたは、しっかりとはっきりの意のときもある	marcato (marc.)	**マルカート**：はっきりとした発音で
	アクセント：はっきりと	sostenuto	**ソステヌート**：各音の長さを十分に保って
		legato	**レガート**：滑らかに
	テヌート：音符の長さを保つアクセントになったりや減衰したりしない	sotto voce	**ソット・ヴォーチェ**：音量を抑えて。ひそひそと、ひそめて

194

　スタッカートは短く音符を演奏する意味です（表5-4）。楽典では元の音価の半分とされていますが、実際の長さは様々です。また、より短くはっきりと演奏する表現としてスタッカーティッシモがあります。はっきりとした発音をうながすときはマルカートと書きます。

　逆に、保つように長く弾くときはテヌート記号やソステヌートを記述します。柔らかく弾きたいときは、ソット・ヴォーチェなどのように記述します。レガートは滑らかに演奏することでスラーを使って長く音符をくくることでも表せます。スラーは異なる音高をつないで演奏することで、似ている記号ですがタイは同じ音高を（記譜の都合上などで）つなげて伸ばすことです。

5.8 ロマン派の終焉と20世紀（西洋音楽史の概説〜後編）

　さて、クラシック音楽の変遷の続きを進めたいと思います。20世紀のロマン派から現代音楽にいたる流れを俯瞰したいと思います。

5.8.1　機能和声からの脱却

　ロマン派の時代になり19世紀の中頃になると、せっかく完成した機能和声の拡張あるいは崩壊を進める作曲家が現れます。その代表にフランツ・リスト（1811-1885）とリヒャルト・ワーグナー（1813-1883）がいます。

　リストは超絶技巧のピアノ曲を書いた作曲家で、『パガニーニによる大練習曲』の中の第3曲「ラ・カンパネラ」は特に有名です。他に『ハンガリー狂詩曲』『レ・プレリュード』などのように狂詩曲や交響詩を多く残しています。

　一方、ワーグナーは**楽劇**というジャンルを立ち上げ、長大な4部作『ニーベルングの指環』（『ラインの黄金』『ワルキューレ』『ジークフリート』『神々の黄昏』）を作曲し、ワグネリアンといわれる熱烈的なファンが世界中にいます。楽劇『ニュルンベルクのマイスタージンガー』の序曲は祝典でよく演奏されたりしますし、『ローエングリン』の中の「婚礼の合唱」は結婚式の音楽としても定番ですね。ワーグナーの楽劇とベートーヴェンの第九交響曲だけを演目とするバイロイト音楽祭は、ウィーン・フィルのニューイヤーコンサートと共にチケット入手が困難なコンサートとして有名です。

　さて、どのような形で機能和声からの脱却が進んだかというと[17]、リストは

1839年に『物思いに沈む人』というピアノ曲を作曲します。この曲はミの音を中心とした和音の連結を様々に試み、機能和声のカデンツによらない和声進行を試みました。他にも、『ファウスト交響曲』では増三和音を巧みに使い調性の持つ性格が分からないような和音を使い、1885年にはピアノ曲『無調のバガテル』で無調の域に達しました。

　一方、ワーグナーは機能和声の拡張を推し進めた代表的作曲家です。ワーグナーは半音進行と不協和音程を含む和音によって、これまでのカデンツの定型にしばられない方法を取りました。それにより旋律が終わりそうに見せかけて、でも終わらせず次の旋律に引き継がせるように書きました。カデンツのように和音の終止感があるとそこで旋律が終わってしまい、また、楽節が明確になることから音楽の区切りがはっきりできてしまいます。ワーグナーはそういうかっちりとした区切れのある音楽ではなく、いつまでも解決されない旋律（**無限旋律**という）により、高揚感や緊張感を長く持続させる効果を生むことに成功しました。

　これまでの導音を使ったドミナント→トニックの解決方法を拡張させます。2つの連なる和音の連結に半音進行をいつも含ませることで、さらにその次の和音へ解決しようというエネルギーを絶えず注入することをしました。通常、ドミナント→トニックと解決するとき、トニックにはすっきりさせるために協和音を使います。しかし、このすっきりするはずの協和音に、7度や9度の不協和音を付加したり、または構成音を上方変位・下方変位させたりします（2.5.6項）。これは転調のやり方の一つでもあるのですが、このやり方は絶えず転調をし続けているともいえます。図5-32の左はトニックに減7度を付加することでCに解決しそうで、結局Fに落ち着いた進行の例で、右は第5音を増5度に変位させることでFに解決させた例です。

　このような付加音や変位により不協和音程化されたトニックがさらに次の和音へ進むドミナントの機能として作用するのです。自転車をこぐペダルのごとく、絶え

図5-32　トニック音の拡張（付加と変位による転調）

ず進むためにペダルを代わる代わる踏むように、絶えず不協和音によって音楽を次
へ進めるエネルギーを与えています。

　実際にワーグナーの使った和音の例を見てみましょう。次の図5-33のように四
和音の変化形をいくつか用意しました[17]。例えばハ長調（C:）に対するドミナン
ト和音のシーレーファーラを考察します。図5-33左の最初の2つは、Vの九の和音
の根音省略形とみなせますが、3.はファ#があることからサブドミナント（S、Ⅱ）
付加6の和音とも取れ、また前の2.の和音のファが半音上行した変位音ともとらえ
ることができます。さらに、4.のようにレも半音上げてレ#にすると、ホ長調（E:）
のドミナントに変化してしまいます。図右の例のように半音進行を伴ってそのまま
素直にトニックに解決するのではなく、別の調に転調させ次々と音楽を展開してい
くことができます。

図5-33　ワーグナーが用いた不協和四和音とそれを利用した転調の例

　和声の歴史において機能和声からの脱却を示した例として、楽劇『トリスタンと
イゾルデ』がよく取り上げられます。いわゆる**トリスタン和音**（図5-34の点線で
囲った和音）について少し解析をしてみましょう。

図5-34　トリスタン和音（楽劇『トリスタンとイゾルデ』冒頭より）

　この和音は、長らく音楽学者によりいろいろな解釈がされてきました。代表的な
例として、一つの解釈は、シーレ#ーファ#ーラというドッペル・ドミナント（E$_7$

の属和音 B$_7$）の第5音ファ#が半音下に変位し、さらにソ#は倚音と解釈した和音
です。もう一つは、楽譜の先頭の主音ラに対して第7音ソ#上の第6音が付加され
た和音として、つまりソ#ーシーレ#ーミ#（ファ）という和音とみなす解釈です。
先ほどの図5-33の3.の和音です。

前者の解釈のようにソ#がラの倚音とみたシーレ#ーファーラの和音なら現代の
コードネームでいえば B$_7^{(♭5)}$（B・セブンス・フラット・ファイブ）です。ポピュラ
ー音楽やジャズを知っている現代人からすれば「なーんだ知ってるよ」と、さして
スペシャル感はないかもしれません。しかし、この章の冒頭から説明してきたよう
に、ワーグナーが用いたこれらの和音は、グレゴリオ聖歌以来の西洋音楽史上
1000年以上も経ってやっと生まれた革新的な和音だったのです。

5.8.2　全音音階

一方、別の発想から機能和声に別れを告げる作曲家が現れました。フランスのク
ロード・ドビュッシー（1862-1918）です。本人はうれしくは思っていなかったよ
うですが**印象派**と呼ばれ、ピアノ曲の『アラベスク』や『月の光』に代表されるよ
うな輝きと透明感のあるサウンドに魅了されるファンも多いのではないでしょう
か。また、全音音階を使って曲を書いたことでも知られ、脱機能和声として現代音
楽の入り口の作曲家ともみなされています。

ドビュッシーは1889年のパリ万博でジャワ音楽のガムランを聞いて、その印象
を後の創作に反映させたといわれています。ガムランには7つの音のうち5つを使
うペロッグと、オクターブを5分割したペンタトニックのように聞こえるスレンド
ロという音律があります。このジャワのペンタトニックの音楽は中心音や根音がな
く、また不協和音から協和音への解決もなく、それぞれの音が対等の価値を持って
います。一方、西洋のドレミの音階は、ミーファとシードのようにピッチ間隔の狭
い半音があるために不協和音程が生まれ、その不協和音程があるために協和音程へ
解決するという和音の主従関係、すなわち機能和声が発生します。そこで、機能和
声とは異なる和声を新発明するために、ガムランのスレンドロのように、オクター
ブを等分して各音が対等な音律を作ることを考えてみます（図5-35）。

オクターブの中に音は12あるので、その約数（1、2、3、4、6、12）で音程を
等分することを考えます。1はオクターブそのものですね。2で割ると、半音6個
分で、この音程は減5度（増4度）の三全音（**トライトーン**）といわれ、「悪魔の

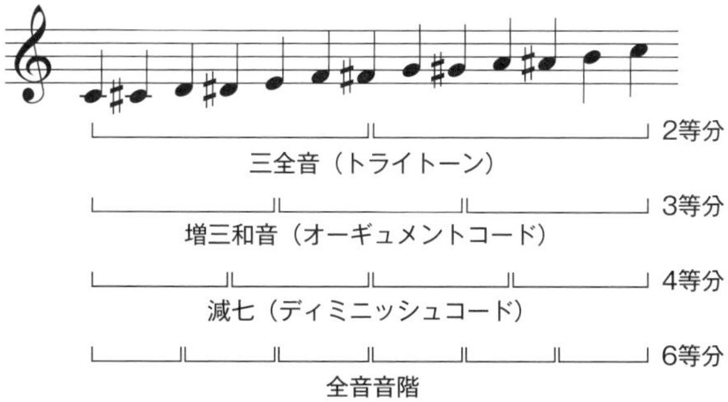

図5-35　オクターブを12の約数で分割する

音程」とも呼ばれる強い不協和音です。有名曲の中での使用例としては、サン＝サーンスの『死の舞踏』、ホルストの組曲『惑星』の「火星（戦いの神）」があります。

　次に3で割ってみると、間隔は半音4個分です。ドから順に半音4個分つまりドーミーソ#が得られますが、ドとソ#が増5度の**オーギュメントコード**ができあがります。4で割ると、半音3個分です。これは減七の和音、**ディミニッシュコード**になります。

　そして、6で割ると、すべての音程が全音になります。**全音音階**と呼ばれドビュッシーの音楽によく使われ、独特の浮遊感がありこれまでの調性音楽とは違う終止感の弱い音楽に聞こえます。その意味でバロック期から続いた調性音楽とは一線を画す音律システムとなります。有名な『牧神の午後への前奏曲』の旋律にもオクターブを等分割した全音音階や三全音が使われています（図5-36）。

図5-36　全音音階による旋律『牧神の午後への前奏曲』および交響詩『海』より

　そして、最後に12でオクターブを分割すると、これはもちろん半音階ですね。12の半音すべてが対等となります。これはすべての音が対等としたシェーンベルクの十二音技法になります。

5.8.3　十二音技法と音列主義

　12音すべての音が対等になるということは、機能和声や調性音楽のような不協和音から協和音へ解決するという主従関係の枠組みがなくなってしまったことを意味します。そして、調性音楽ではないので**無調音楽**と呼ばれます。

　しかし、無調でどの音も対等であると宣言したのはよいですが、音の関係を規定する方針やルールがまったくないとなると、それはそれで作曲のよりどころがなく途方に暮れてしまいます。人は完全に自由となったときには、かえって何をしたらよいか分からなくなるものです。例えば、ランダムに音符を置くことを考えたとします。確かに、ランダム（一様乱数）で作曲というのも、それはそれで一つのやり方ではありますが、ランダムに並べられた音で作られた音楽に何か主張やアイデンティティはそこにあるでしょうか。この**一様乱数**というのは、すべての音の出現確率が同じ、すなわち偏りがないことを意味していて、ひいては特色がないこと、個性がないことに相当します。普通、作曲家は自分の創る作品に音楽的なアイデンティティを与えようとします。あるいは、作曲のよりどころとして、意識的・無意識的に何らかのシステムを作ろうとします（もちろん、気の向くまま音符を並べてもよいわけですが）。

　そこで、無調音楽の作曲のための方針やシステムの一つとして**音列主義**（serialism、**セリエリズム**）というものがあります。音同士の関係に調性感が出ないような音列を定め、その音列に従って作曲するという考え方です。この手法では調性感が聞こえるような長調や短調の音程を避けて、三全音や増和音、減和音、半音階を使うので自ずと不協和音程が中心的になります。

　ここでアルノルト・シェーンベルク（1874-1951）の考案した**十二音技法**（dodecaphony、ドデカフォニー）による作曲手法のアイデアを説明します。まずはシェーンベルクが1921年から1923年に作曲した『ピアノのための組曲』Op.25

図5-37　シェーンベルク：『ピアノのための組曲』Op.25「プレリュード」より

を見てみましょう（図5-37）。

　楽譜の上段の右手の音符を見ていくと、ミから始まり、シ♭までで12の音符が順に出てきています。下段の左手は、最初の4つは右手の音列の増4度下といった関連性があることが分かります。

　十二音技法では、12音のすべての構成要素を重複しないように並べた音列（serie、セリー）を作ります。例えば、最初にミを使ったらその後の11音すべてを使い切らないとミは使えないルールです。こうすると、すべての音が同じ頻度で使われて平等になります。

　しかし、この音列のバリエーションは、12個の音から12個を選ぶ順列を計算することになります。n個の中からm個を順に選ぶ公式は、$_nP_m = n!/(n-m)!$です（!は階乗の演算子）。この公式を使って計算すると、

$$_{12}P_{12} = 12! = 479001600$$

なんと約4億8千万通りになります。一生かかっても使いきれないほどの音列の種類があります。まだシステムとして自由度が大きすぎるのでもう少しルールを付けて絞ってみましょう。

　この音列を2つに分けます。そして、前半と後半を対称にするというルールを付加してみましょう（図5-38）。そうすると、音列に1つ制約が加わることになり、できた音列に作曲家の意図が1つ付加されることになります。図の例の場合は、前半の6つの音列に対し、前後対称にして、かつ下に半音（もしくは上に半音）ずら

全部の音を使った音列

(a) $_{12}P_{12} = 12!/0!$
$= 479001600$通り

前半の音列を前後反転して半音下げる

(b) $_{12}P_6 \times 2 = 12!/(12-6)! \times 2$
$= 1330560$通り

実際にはこんなに作れない

前1/4の音列を上下反転

(c) $_{12}P_3 \times _3P_3 = 7920$通り

前後上下反転　　前後反転

図5-38　ただ全部使っただけの音列から対称形を考慮に入れた音列へ

すことで後半の音列を作っています（この音列では半音ずらしでないと12音全部
使いきれないので）。この場合は、前半の6つの音の順列の選び方×上もしくは下
の半音ずらしの2通りですので、$_{12}P_6×2＝1330560$通りです。だいぶ減ってきまし
たね（笑）。このような対称形の音列をパリンドローム音列といいます。

　さらにもう一つ、12音の1/4の長さである3つの音から選んで音列を作り、残り
をその3つ組の上下・前後の反転で作るルールで考えてみます。最初の3つの選び
方は$_{12}P_3＝1320$通りです。これに対して、残りの3つ組の置き方にパターンができ
ますが、今は図のように、上下・前後・（上下＋前後）の3通りの反転型で作ると
します。すると、この残りの組み合わせの順列は$_3P_3＝6$通りですので、計
$1320×6＝7920$通りです。今は3つ組まで検討しましたが、さらに音の関係に厳密
なルールを求めると選べる音列は少しになります。

　このように音列選びにこだわると、音列に意味合いが深まってきます。しかし、
熟考した音列であっても、毎回同じ並びで作る音楽だと、次の音が予測できてつま
りません。ここで、対位法のアイデアを用います。元の原音列（O：Origin）に対
して、反行（I：Inverse）や逆行（R：Reverse）、反行と逆行の両方（IR）、ピッチ
の移動（移高）などを施すと、作った音列を有効に活用できます。これは、シェー
ンベルクが動機の展開と発展により構成されるドイツ音楽の伝統を受けているとい
う見方もできます。

　なお、音を1度使ったら次の音に進まないといけないと述べましたが、各音高に
おいて同音を並べたり刻んだりするのはよく、また、隣り合う音を和音として使っ
てもよいとされています。もちろん、オクターブ違いもOKです。では、例として
先ほどの図5-38（c）の音列を使って作曲してみましょう（図5-39）。

　音列の順番を保ちつつ、音を重ねたり連続させたりすることで、数学的で無機質

図5-39　図5-38（c）の音列を使った例。番号は音列中の順番

だった音列が何か人間的で有機的な音楽になります。皆さんも自由に音列を考えて
みて、音を縦に横に並べて作曲してみてください。きっと、普段聞かない不思議な
音楽が作れると思いますよ！

　もし、読者の皆さんが、この音列主義による作曲をコンピュータで自動的に行い
たいという場合にはどうするか。プログラムで音列を扱うには、音列を2.1.3項で
示したピッチクラスにして数値化するとよいかもしれません。何かの数学の式や確
率で音列を計算してもよいですし、その音列からさらに、音列を重ねたり逆転や反
転、移高を行ってもよいでしょう。そういった処理によって音楽をコンピュータで
自動生成する場合は、生成した音をMIDIデータとしてファイルに出力し、楽譜作
成ソフトなどで読み込んで楽譜化や試聴する方法が近道でしょう。

　さて、補足的に少しばかり十二音技法による作品の紹介をします。シェーンベル
クの作品には十二音技法を使った音楽でも、後期ロマン派の持つ音楽のようにも聞
こえる情緒性があります。十二音技法の提案以前の作品には、後期ロマン派の最高
傑作の一つともいえる弦楽六重奏曲『浄夜』や、『グレの歌』、『月に憑かれたピエロ』
などなどのように後期ロマン派らしい官能的な作品が並びます。シェーンベルクの
作品は彼自身もいっているように"十二音技法を使って"作曲をしているのであっ
て十二音技法の実践が目的ではないからです。十二音技法を提唱した以降も、音列
による作曲はしていますが、流れるような曲想と舞曲的なリズムがあり、どこかロ
マン派の名残も聞き取れます（ヴァイオリン協奏曲や弦楽四重奏曲第4番、ピアノ
曲Op.33など）。

　シェーンベルクの弟子であるアルバン・ベルク（1885-1935）の例として、遺作
ともなったヴァイオリン協奏曲を挙げます（図5-40）。この音列は不協和の増3度
の音程もあれば協和音の長・短3度の和音もあるので、時に古典的な響きもする特
徴的な音列となっています。

図5-40　ベルク：ヴァイオリン協奏曲より、ソロ・ヴァイオリンの提示部

　一方、アントン・ウェーベルン（1883-1945）はシェーンベルクの10歳ほど年下の弟子でしたが、より厳密な音列による作曲を実践した人です。また、ウェーベルンの作風は短い極小曲が特徴でもあり、わずか1分に満たない6つの曲でできた『6つのバガテル』や『チェロとピアノのための3つの小品』は、どの楽章も10小節前後しかありません。極端に凝縮された音楽です。小管弦楽のための交響曲（Op.21）や弦楽四重奏曲（Op.28）、弦楽三重奏曲（Op.20）など、かなり無機質で旋律的なものはまったく聞かれません。おそらく聞いた後にどんな音が（旋律が？）演奏されたか記憶に残りにくい音楽でしょう。

　というのは、第4章のメロディの話題でも触れたように、私たちは音の刺激が入力されたときは、それをある意味のかたまりでとらえようとするゲシュタルト原理が働くからです。つまり、この作曲法自体の持つ特性である、ほぼ抑揚がなく機能的な意味を持たない音列は、バラバラに並んだアルファベット列を聞いたのと同じように、ゲシュタルトを形成できないために覚えにくいのです。

　また、この音列主義による音楽は、人間の認知における適応可能領域を超えているとの批判的意見もあります。人間の脳は長年にわたり調和と調性のある音に快感を得るように発達してきたという理由からです。耳から入った音をパターン認識した結果、それが先天的な美と快に合致するパターンであると認識すれば、その音を美しいとか快適とか判断して受容できます。ところが、音のパターンが本来持っている美や快に合わなければ、不適合として認知され、さらに強制的であると不快と感じるといわれています（**本来−適応モデル**という）[18]。

　なお、12音を使った作曲はシェーンベルクが最初ではなく、2年前のヨゼフ・マティアス・ハウワーのピアノ曲『ノモス』（1919）が最初の十二音技法による音楽という見方もされています。しかし、十二音技法を体系化して主導したということもあり、十二音技法＝シェーンベルクによる技法、と一般的にはみなされています。

　シェーンベルクの後、さらに音列だけでなく音量や音の長さまで規則化した作曲法を**トータル・セリエリズム**（または総音列主義）といいます。メシアンの『音価と強度のモード』に端を発しブーレーズやシュトックハウゼンらがこの技法で作曲をしています。一方、先ほどのベルクのように、厳格さよりも自由度があり調性感があってもよしというポスト・セリエリズムの自由セリエリズムも生まれました。また、全音程セリーというすべての音程の種別を使って12音の音列の関係を決める手法では調性的な音程も感じられます。

十二音技法による曲は、一般的には現代音楽と呼ばれることがしばしばあります。でも、もはや100年ほども前の作曲システムなので、はたして「現代」の音楽かというと、21世紀の今となってはどうかという気もします。

5.9 〉 でたらめな音楽？ 完全制御の音楽？

作曲の世界ではケージに代表されるように**不確定性**を用いた音楽を作曲する人もいます。奏者の自由な演奏（アドリブ、インプロヴィゼーション）や、演奏中に偶然的に発生する音などを楽しむ音楽です。ここまで説明してきた音楽は、楽譜に音符がしっかり書かれていて、演奏時にどんな音が鳴るか、あらかじめ「確定」しています。ところが、楽譜に「ステージ上でサイコロを振って、出た目で1が出たらドミソの和音を、2が出たらレファラの…」と書かれてたら、聴衆は最初の音が何になるか（奏者だって！）、サイコロを振るまで分かりません。

5.9.1 サイコロで作曲

不確定な音楽は演奏が始まってみないとどういう音が出てくるか分からない音楽です。

そういう意味ではジャズを聞く楽しみ方と似ています。実際にジャズとの親和性もあるでしょう。筆者も以前、東京の阿佐ヶ谷で毎年行われるジャズの音楽祭の「阿佐ヶ谷ジャズストリート」で、ある現代音楽の作曲家とジャズ・ミュージシャンと共同で、ジャズ×現代音楽のコラボによるコンサートを企画しました。パソコンのプログラムでランダムにコードネームを出力する"ルーレット"を作り、そのルーレットを動かしてたまたま出現したコードネームの列をジャズ奏者に提示し、そのコード進行だけでアドリブ演奏してもらうというフリージャズの試みをしました。どんなコード列がはじき出されるかは本番そのときになってみないと分からないのです。本番のステージ上でルーレットが回っているときの聴衆やプレイヤーの緊張感が面白く、そして、偶然に選ばれた運命のコード列を元に見事フリージャズを演奏しきって、皆で拍手喝采！ めでたしめでたし、となりました。

さて、この不確定性を使った音楽のアイデアですが、なんと1800年代初頭までさかのぼります。当時、サイコロを使って出た目で指定された楽譜を演奏する、と

いった音楽遊びがヨーロッパで流行っていました。なんとモーツァルトもサイコロによる音楽を残しています。ただし、現在広く知られているモーツァルトの『音楽のサイコロ遊び』という曲（K.Anh.294d）は残念ながら偽作（本人のではないという疑いありの曲）となっています（図5-41）。K.516fと作品番号の付いた自筆譜に弦楽五重奏曲ト短調の3楽章をピアノ譜にしたスケッチが残されているのですが、そのスケッチの下に3拍子による音群が書かれていて、それがどうやらモーツァルトのサイコロ音楽だとされています[19]。残念ながらその自筆譜にある音群の演奏は解読が難しいとのことですので、ここでは偽作とされている曲ですがその仕組みを見てみましょう。

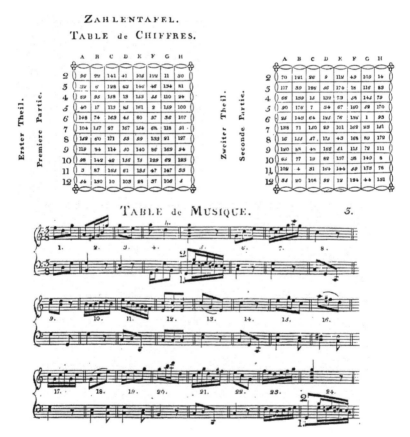

図5-41　モーツァルト（K.Anh.294d、偽作）『音楽のサイコロ遊び』（出典：Bonn: N. Simrock, 1793）のマトリクスと対応する楽譜

図5-42 2つのサイコロで合計5が出たときの音楽

　この音楽はサイコロを2つ振ってその出た目を足してその値に従って、図にあるマトリクス(表)から数字の列を選びます。奇数小節は左の表から順に、偶数小節は右の表から交互に番号を取り出し、そこに書かれた数列の小節番号を弾くという仕掛けです。サイコロを二個振るので出る目の合計値は2から12ですね。例えば出た目の合計が5であれば、1小節目は左の表から5と書かれた行の1つ目の40小節目を弾き、2小節目は右の90、3小節目はまた左の表の17…と続けると、[40, 90, 17, 176, 119, 7, 85, 34, 161, 67, 2, 160, 159, 52, 100, 170]の16小節の音楽ができあがります。これを実際に音符にすると図5-42のようになります。

　サイコロを振るたびに違う音楽ができるということで、不確定な(偶然性による)音楽といえます。ただ、種類はここに書いている11通りです。でも、自分でルールをアレンジして、例えば毎小節サイコロを振って上の楽譜の表から選ぶことにするとどうでしょう? そうすると16小節の毎小節で11通りなので11×11×…11＝11^{16}＝285311670611というとんでもない数のバリエーションが生まれます。

　ただし、小節間で音のつながりが悪いところがあるかもしれません…。ということで、各小節がシームレスにつながるようなマトリクスの楽譜は作れないものでしょうか。シームレスなタイルカーペットや壁紙みたいに、どこで楽譜をつないでも音楽がつながるように。今ここではその解はありませんが、皆さん考えてみて研究のネタにしてみてはいかがでしょうか。

5.9.2　ジョン・ケージとチャンス・オペレーション

　サイコロによる不確定な音楽の例を挙げましたが、さらに譜面に具体的な音高やリズムの記述がなく、奏者に何をどう弾くかまで委ねたタイプの不確定性による音

楽もあります。このような音楽は演奏されるたびにどんな音が鳴り、何が起きるか分からないので、コンサート会場に立ち会わないと得られない面白さがあります。なかでも、ジョン・ケージは偶然性や不確定性による音楽を作った第一人者といえ、東洋の易学に刺激され、偶然的に起きた事象（ハプニング）を音楽にすることを考案しました。本項ではケージの手法のいくつかを紹介したいと思います[2] [20]。

　コイン・トスやサイコロなどを作った偶然性に音の選択をゆだねた作曲を**チャンス・オペレーション**といいます。

　ケージは先ほどのサイコロ遊びのマトリクスのように、ギャマット（gamut）という音楽の要素となる短い音群を並べたチャートを用意して作曲しました（図5-43）。ギャマットという言葉は音階や音域を指す言葉ですが、ケージの場合、単なる音の並びや和音だけではなく、重音、和音、装飾音といったものも含む音楽の断片の集合です。この手の音楽は、断片の集合の選び方で音楽の性質が変わります。『4部の弦楽四重奏曲』（1950）は50種類の要素からなるギャマットを厳格に組み合わせて作られています。こういった断片的な音群を偶然的な手法で選び並べた音楽は、これまでの人為的な音楽とは趣が違う作品になります。

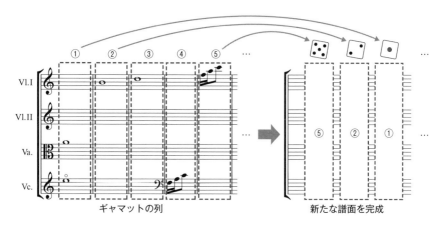

図5-43　ギャマットから音を選ぶ作曲法のイメージ

　この四重奏曲の後、ケージはギャマットを2次元の表に発展させました。ケージの作曲手法の重要な要素であるチャートにたどり着いたわけです。儒教の占いの書である『易経』の英語版を手に入れたケージは、2次元のマスに書かれた数字とそ

れに対応する音群をサイコロやコインの表裏で選んで作曲する方法は、ちょうど易にて占いをするがごとく、神と運命が音楽を決定するのに通じるものがあることに気づきました。この偶然性による作曲手法は『易の音楽』（1951）などで用いられました。ケージの易による音楽では、その場の直感・ランダム・思い付きで音を選ぶという意味での偶然ではなく、あらかじめ音楽の要素を決めてチャートに配置し、神が決めたかのようにコインやサイコロの出方で音を決定するという意味での偶然です。よって、楽譜には音符が並べられ音楽は確定しています。

　次に、ケージの行った重要かつ後に大きな影響を与えた作品として、チャンス・オペレーションによる『シアター・ピース第1番』を挙げておきます。1952年のブラック・マウンテン・カレッジにて行われた夏期講習で初演されたもので、偶然の出来事（ハプニング）による演奏とパフォーマンスによる作品です。

　会場は、大学の食堂に四方から囲むように椅子が並べられ対角線上に通路が設けられた形で設営され、天井には白いカンバスがぶら下がり、そしてピアノと手回し蓄音機、ラジオなどが置かれました。演奏が始まると、ケージは梯子に上り朗読を始め、別のパフォーマーが客席の周囲を即興的に踊り、レコードが鳴り、スライドが投影され…と、これらは何かの関連や意味があるのか、と思いきやそれらはまったくの無関係に演じられたのでした。

　この演奏のスコアはどうなっていたか。ケージが演者それぞれに渡した紙には「開始後、○分○秒から△分△秒まで」と、いつ行為を始めていつ止めるのかの時間を記しただけで、後は演者が自由にアドリブで様々な思い思いのパフォーマンスをしたということです。このように、ケージはその場に偶然起こる事象を音楽とし、そのためにパフォーマンスの大まかな指示やルールを提示し、後はどのように演じるかは演奏者にお任せという不確定性による芸術表現を示したのです。

　ケージの不確定性による作曲手法の例として、最後に簡単な例を試してみましょう。『ピアノとオーケストラのためのコンサート』（1958）で使われた手法です。図5-44にあるように、音符がぐるっと輪でつながれていますが、これは次のルー

図5-44　不確定的作曲手法の例

ルで演奏します。

- 演奏する音高の順番は線で結ばれた通り
- 開始位置は自由
- ぐるぐるとループして音符を弾く
- 10秒間右回りに弾き、次に20秒左回りに弾いたら、曲は終わり
- 音を弾く速さは、距離が長いところは速く、短いところは遅く弾く
- 強さは自由

　以上の指示に従って、皆さんもぜひピアノやギターなど楽器が弾ける人は実際に音を出してみてください！

　ここで、こういった新しい音楽の作曲や演奏に関しての注意点ですが、作曲家は演奏者のために上の例のようにどうやって譜面を読んで演奏したらよいかを示す必要があります。何も注釈がなくただ図形を示されても、それをどのように演奏したらよいか分かりませんので（見た印象から自由に何をしてもよい、のであればそのように記す）。

　さて、演奏してみて、どうでしたでしょうか？　ちょっと不思議な音楽だったでしょうか？　もし心地よい音楽にしたければ、新たに別途白鍵のみの音を線にしたループを作るとよいです。

　でも、一人では何かもの寂しいかもしれません。そう感じましたら、同様のルールで別のループを自由にいくつか作ってください。そして、今度はお友達や家族、同僚と一緒にそれらのループを同時に弾いてください。Aさんは1つ目のループ、

図5-45　3才の子供が書いたケージの手法による図形楽譜（ト音記号や五線は大人が書いた）

Bさんは2つ目のループ…といったように。テンポや強弱を思い切って変化させるとより面白いサウンドになると思います。新たに線を加えたり、ねじったり、ルールを独自に作ったり…自由に遊んでください。

図5-45は、幼稚園児に大きな紙に円を3つ書かせたものです。いびつなヘンテコな円の方が面白いです（普通なら、先生や親にきれいに円を書くようにいわれるのですが、今回だけは特別！）。そして、線の上に点や○を好きなように打たせます。できあがった図に五線をこれまた適当に重ねてみます。ケージばりの素敵な図形楽譜のできあがりです。子どもと一緒に書いて、演奏してみてください。

5.9.3　クセナキスの考える偶然性

理系作曲家といえば、建築家でもあったギリシャ出身のヤニス・クセナキス（1922-2001）が挙げられます。フランスにて建築家コルビュジェの元で設計をしていました。最初は五線譜で作曲をしていましたが、あるときなぜ建築の技術を作曲に活かさないのかと問われ、方眼紙と定規で作曲することを思いついたそうです。確率論や推計学、数学、物理学から導かれたという彼の作曲理論は推計学的音楽と呼ばれ、クセナキスの理解者であり作曲家・ピアニストの高橋悠治による訳本[21]で出版されています。

クセナキスの作品の中にも偶然性の音楽がいくつもありますが、先ほどのケージの偶然性とは異なります。ケージの偶然性は、易や演奏者に音の選択をゆだね、偶然に起きるハプニングが対象であり、それを追求した作曲でした。一方、クセナキスはこのやり方に真っ向から反対し、偶然とは統計的にランダムで予測がつかないものであり、作曲家が統計的に音高やタイミングをきちんと計算し、聴衆が聞いて偶然的に音が聞こえるように完全に音を制御して配置する必要があると主張しました。演奏者の気分に音を任せるというのは作曲家としてけしからんといったのです。ケージを始めとする不確定性音楽への批判です[2][22]。

クセナキスの提唱する偶然性の音楽は次のようになります。

例として、オーケストラにランダムな音群を演奏させるとしましょう。ランダム（一様乱数）とはすべての音の出現確率が同じであって、どの音も関連性を持たない必要があります。では、演奏者にでたらめに演奏してくれと注文すると、確かにいくつかはめちゃめちゃに音を出せるかもしれません。ところが、100回音を出したときにそれはランダムに演奏できているでしょうか？ おそらく偏りがあり、弾

きなじんだバッハのフレーズがどこかに紛れてしまうかもしれません！ しかも、オーケストラ全員が等出現確率でランダムに違う音を出せるでしょうか？ 聴衆からすると真のランダムな音群とはならず、やはりどこか人為的で恣意的な音群として聞こえるということになります。

　もうお分かりかと思いますが、クセナキスのいう偶然性は統計的に一様で、周期性や規則性を持たないことを意味するため、作曲家は乱数を計算しその計算結果から得た数値できちんと譜面に音高やタイミングを書くべきで、そのときに初めて音楽から聞こえてくる音が自然界の法則で偶然そこにあったかのように振る舞うというのです。よって、音を決定するにあたって、物理学や数学の計算を解くのにコンピュータが必要だったわけです。当時、パリでIBM社製のパンチカード式コンピュータを使いFORTRANという言語で計算し、中には計算を解くのに半年もかかった曲もあるそうです。

　そのような信念による偶然性の音楽として、統計的にランダムとなるように計算したピッチを指定した『ピトプラクタ』や『メタスタシス』があります。五線譜ではなく、ピッチとタイミングの指定を方眼紙で書いています。クセナキスにとって、もう五線譜では表現しきれない音楽だったのです。弦楽器群のグリッサンドに始ま

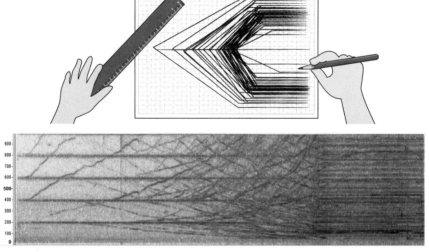

図5-46　方眼紙による指定のイメージと実際の演奏におけるスペクトログラムによる演奏音の可視化

る『メタスタシス』という音楽では、各奏者のグリッサンドのピッチを方眼紙上で表しているのですが、その図形楽譜は美しく描かれ、まさにコルビジェと共に設計したブリュッセル万博のフィリップス館の設計図を見ているかのようです。

そこで、この曲の実際の演奏より、グリッサンドのピッチの変化をスペクトログラムで可視化（visualization）してみました（図5-46）。本書でも何度も登場しているAudacityというフリーのアプリを使って表示しています。斜めの線がうねうねっと上昇・下降していて、グリッサンドの絡みがよく見て取れます。このように音楽を音響学の視点から可視化をしてみるとちょっと面白いですね。

5.10 音楽と数学

1.3節で音楽にまつわる科学を紹介しましたが、ここでは数学と音楽のコラボの話題です。そして、五線譜を離れた記譜の表現である図形楽譜についても紹介します。

5.10.1 バルトークの音楽と黄金比

ハンガリーを代表する作曲家の一人であるバルトーク・ベーラ（1881-1945）は、ハンガリーやルーマニア、トルコなどの民族音楽の収集と研究を通して、これまで支配的であったドイツ・オーストリアの音楽から独立して、民族のアイデンティティを盛り込んだ作曲を実践しました[23] [24]。バルトークは、同じくチェコの民族のアイデンティティを音楽に示した国民楽派のスメタナやドヴォルザークよりさらに踏みこんで、古典的なリズムや和声からも離れ、自由なリズムと音律を使うようになりました。例えば、図5-47の『ルーマニアのクリスマスキャロル』（1915）を見てみましょう。

図5-47　バルトーク：『ルーマニアのクリスマスキャロル』より、ピアノ曲に編集される元の歌

　民族音楽の収集において、クリスマス時期に歌われていたものを採譜し2つのピアノ曲集として出版されたものです。クラシック音楽に比べるとかなり自由なリズムになっていますね。民族音楽は規則的なリズムの曲もあれば、このように規則性にとらわれず歌の韻律に沿って自由に楽しく歌い踊られていた曲もあったのです（特に東欧圏）。歌詞の韻律に従った音楽といえば、中世のグレゴリオ聖歌もそうでしたね（5.3節）。

　しばしば、バルトークの作曲手法は数学的であるともいわれ、バルトークの曲の構造と和声には黄金比が用いられているといわれます（『弦楽のためのディヴェルティメント』、『弦楽器、打楽器とチェレスタのための音楽』など）。ただし、この点に関しては、確かにそうとも取れるところもありますが、こじつけで真意のほどは疑わしいという意見もあります。

　その**黄金比**（約1.618）ですが、自然界の中で美しく調和の取れた比率であるといわれます。黄金比はデザインにもよく使われていて、某リンゴのマークで有名なコンピュータ会社やよくお世話になる検索サイトのロゴも黄金比で描かれているそうです。黄金分割した角度の約137.5度はアンモナイトのらせんや、ヒマワリの種の並び、バラの花びらの付き方などに見られます。では、黄金比とはどういう比なのか、数式と図形で示すと以下にようになります。

　黄金比はユークリッド（紀元前3世紀古代エジプトの数学者）の提起した幾何学の問題です。図5-48左のように「ある線分をaとbに分けるとき、長い方aでできる正方形の面積と、元の線分×短い方bでできる長方形の面積が同じになるようしたい。はてaとbは何対何に分ければよいのか？」というものです。これを、式にして解いてみましょう。

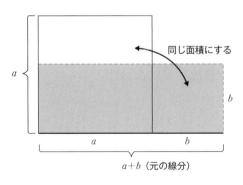

アンモナイトのらせんにも黄金比が！

図5-48　ユークリッドによる黄金比の分割問題

ユークリッドの問題は次の式となります。

$$a \times a = (a+b) \times b$$

ここで、両辺をabで割ると、

$$a/b = (a+b)/a$$

つまり、aとbの比(a/b)は、元の線分$a+b$とaの比に等しくなります。
では実際に値を求めてみましょう。この式にa/bを掛けて、

$$(a/b)^2 = a/b + 1$$

とします。ここで、a/bをxと置き換え左辺に移すと、2次方程式、

$$x^2 - x - 1 = 0$$

が得られ、2次方程式の解の公式より、

$$x = a/b = (1 + \sqrt{5})/2 \fallingdotseq 1.61803\cdots$$

以上のようにして黄金比が求められます。ざっくり、整数比でいうと8：5、もしくは13：8くらいになります。この比を今しばらく覚えておいてください。

さて、黄金比に関連して**フィボナッチ数列**も作曲で使われる方法です。フィボナッチ数列は「0, 1」からスタートして、3つ目は0+1=1、4つ目は1+1=2、…のように、前の数字と自身を足し合わせて、次々と数列を再帰的に生成していきます。

[0, 1, 1, 2, 3, 5, 8, 13, 21, 34, 55, 89…]

この数列、実は黄金比に関係があるのです。隣り合う比を取ってみましょう。
2/1=2、3/2=1.5、5/3=1.666…、8/5=1.6、13/8=1.625、21/13=1.61538…、34/21=1.61904…、55/34=1.61765…、89/55=1.6181818…と、先ほどの黄金比に近づくのです。これらのフィボナッチ数列や黄金比はしばしば現代音楽における作曲の手段として使われることがあります。

ちなみに、他にそのような美しい安定した比率として、**白銀比**と名前の付いている比があります。この比は$\sqrt{2}$：1で、約1.414です。私たちの周りでいうと紙のA4、B4といったサイズがそうで、これは真っ二つに切っても縦横比がずっと変わらない便利な比です。

5.10.2 微分音とクラスタ

バルトークは民謡を採譜している中で、平均律の音よりも少しだけ高い音が使わ

れていることを見つけました[1]。こういったドレミの音律にはない民族的な音律を自身の作品の中で取り入れています。例えば、弦楽四重奏曲第6番 第3楽章でセカンド・ヴァイオリンに1/4音低く弾くように指示しています（図5-49）。何とも奇妙な不協和音の効果がグリッサンドと共に使われていますので、一度音源を聞いてみると面白いと思います。

　この例のように半音の半分の四分音や、1/3の六分音などの音程を**微分音**（microtone）といいます（表5-5）。微分というと高校数学に出てくる導関数や接線を思い浮かべてしまうかもしれませんが、ここでいう微分は単に半音以下に細かく分けた音程というだけの用語です。

　微分音はどれだけの音程なのでしょうか。1.3節で示したピッチの計算方法を再度使いましょう。全音のピッチ比は1.1225です。微分音の計算方法は、1/8音でし

図5-49　バルトーク：弦楽四重奏曲第6番より微分音（下矢印↓の音符を1/4音下げる）（出典：London: Boosey & Hawkes, 1941）

表5-5　代表的な微分音の記譜

六分音	↑♭♭	♭	↓♮	↑♮	♯	↓𝄪
三分音	↓♭	↑♭		↓♯	↑♯	
全音	♭♭		♮			𝄪
半音		♭		♯		
四分音		(1/4♭)	(1/4)	(1/4♯)	(3/4♯)	
八分音	(1/8)	♭	♭	(1/8)	♯	♯	♯	♯

表5-6 微分音の比率とピッチ

音名	比率	Hz（C4を基準）
基準（C4）	1.0000	261.63
1/8音	1.0145	265.44
1/6音	1.0194	266.72
1/4音	1.0293	269.30
1/3音	1.0393	271.90
3/8音	1.0443	273.21
1/2音（半音）	1.0595	277.19
5/8音	1.0749	281.22
2/3音	1.0801	282.58
3/4音	1.0905	285.31
5/6音	1.1011	288.07
7/8音	1.1064	289.46
全音（D4）	1.1225	293.67

たら、全音1.1225の8乗根 $= \sqrt[8]{1.1225} = 1.0145$ になります。他の値も電卓（もし
くはExcelなどのソフト）で計算すると表5-6になります。一番右の列はC4音と
D4音の間の微分音のピッチを示しています。シンセサイザや電子楽器でしたらこ
のピッチの指定や演奏は可能ですが、実際の弦楽器や管楽器などではこの精度で演
奏するのは難しいといえます。

　もう一つ、特殊な音程の概念をご紹介します。

　ヘンリー・カウエル（1897-1965）は、
アメリカの作曲家であり出版社ニュー・ミ
ュージック・エディションを経営し当時の
実験的な新しい音楽の擁護者でした[1]。
カウエルは作品『マノノーンの潮流』で
ピアノに初めてクラスタ奏法を使いまし
た。**クラスタ奏法**はピアノでいえばこぶ

しや前腕で鍵盤を押さえる奏法で、よく幼い子がバンバンとピアノを叩いて遊ぶと
きのあれです。この隣接した音群を使うと衝撃的で印象の強い不協和音になります。
まさに、「ショーック！　ガーン！」というときの効果音です。

　ピアノならば一人で簡単にクラスタ奏法ができます。記譜は図5-50のようにフ
ァからレまで塗りつぶされた音符で書かれ、その範囲を手のひらやこぶしなどでバ

ーンと押さえます。弦楽器や管楽器ですと、複数の楽器で異なる隣り合う音高を同時に演奏するとできます。オーケストラであれば、ファースト・ヴァイオリンパートが16人いるとすると、全員が半音ずつ違う音を分担して弾くようにします。図の左はポーランドの作曲家クシシュトフ・ペンデレツキ（1933-2020）が用いた表現ですが、音域を海苔弁当みたいに黒く塗りつぶし、オーケストラの弦楽器全員が違う音を弾いてクラスタ音にする表現を用いています。何とも不思議なサウンドで、宇宙的で荘厳な感じのする音響効果が得られます（ぜひ、CDなど音源を聞いてください）。

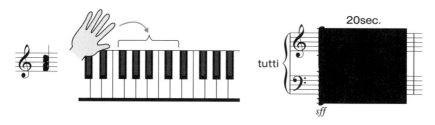

図5-50　クラスタ奏法の記譜（左：手のひらでピアノの鍵盤を叩く。右：オーケストラ全員（tutti）でクラスタを表現する）

5.10.3　特殊奏法

　クラスタ奏法の紹介をした流れでその他の特殊奏法についても少し紹介しておきます。現代音楽では通常の奏法以外に、特殊な弾き方で新しいサウンドを表現することがあり、それらを**特殊奏法**（extended technique、special technique）といっています（表5-7）。

　弦楽器の奏法の一つに指で弦をはじくピチカートという奏法があります。今日では当たり前のピチカートも昔は特殊奏法だったのです。オペラの創始者であるモンテヴェルディが最初に用いたといわれています。それをいうとビブラートもトリルもかつては装飾のための特別な奏法でした。時代と共に特殊奏法はいつしか普通の奏法になっていきました。

　弦楽器の特殊奏法として、駒の上（に近いところ）を弾くスル・ポンティチェロ（sul ponticello）や、弦を強く引っ張ってバチン！と音を立てる通称バルトーク・ピチカート、弓の木の部分で弾くコル・レーニョなどがありますが、今日ではごく普通に用いられる奏法です。楽器の本体を手でノックしたりする打楽器的な奏法も

表5-7 特殊奏法の例（記号は作曲家によって異なる場合がある）

弦楽器		管楽器（記譜には作曲家によって異なる）	
sul ponticello	駒の上／近くを弾く	flt.	フラッター・タンギング：トレモロのように速いタンギングで吹く
behind bridge	駒とテールピースの間を弾く	keyclick	キーを叩く音
wide vibrato	ビブラートの振幅を極端に大きくしたり途中で変えたりする	sing & play	声で歌いながら吹く　ある意味重音奏法とも取れる
nail pizzicato	爪で弾くピチカート	slap / pizzicato	スラップ／ピチカート（Fl.、Cl.、Tp.、Tb.）
col legno tratto / col legno battuto	弓の木の部分でこすって弾く／弓の木の部分を叩くように弾く		ハーモニクス（Fl.）
diagonal bowing	弦の方向に滑らせながら弾く　斜め（diagonal、対角線）方向に弾く	jet	ジェットホイッスル：歌口をふさいで強く息を吹き込む（Fl.）
circular bowing	弓を円を描くように弾く	W.T.	ホイッスルトーン／ウィスパートーン：柔らかく小さく吹く（Fl.）
battuto	叩きつけるように弾く	with Wind	ウィンドトーン：空気を多めにしてかすれた音色にする（Fl.）
scordatura	通常と異なる調弦（G線をF#に下げるなど）	sordino (sord.)	ミュートを付ける　種類があるのでどんなミュートを付けるか指示をする（金管）
knock / slap / tap	楽器の本体をノックしたりたたいたりする打楽器的奏法		ゲシュトップ：右手でベルをふさぎ強く吹く（Hr.）
prepared	弦に物を挟む		

あります。

　管楽器でもピチカートがあります。何をはじくのかといわると、実は何もはじきません。音色が弦のピチカートに近いからかそう呼ばれ、スラップ・タンギングともいいます。舌打ちするようにタンギングしてパチンとかポンとかいった音を出します。また、あるピッチを歌いながら別の音を吹く重音奏法、ブルルルと震わせるフラッター奏法、尺八のように息漏れノイズで吹くホイッスルトーンやジェットトーンなどがあります。

ピアノは先ほどのクラスタ奏法の他に、本体を叩いたり中の弦を指や物で直接はじくプリペアドや内部奏法などがあります。**プリペアド**（prepared）とは楽器に何かオリジナルではない特殊な処置がされたという意味で、例えばピアノの弦にボルトを挟んだりするといった加工を指します。なお、ピアノの鍵盤を叩いて演奏するのではなく、中の弦を直接はじいたり叩いたりする奏法を**内部奏法**といいます。

以上の他にも、現代音楽の作曲家はいろいろな特殊奏法を考案しています。ウェブサイトで検索すると楽器ごとに特殊奏法をまとめたサイトがありますのでぜひのぞいてみてください。

5.10.4 美しき図形楽譜

音楽の記譜法として五線譜が長年使われてきましたが、表現の進化と多様化が進むと、ついには五線譜では作曲家の考えついた自由な音楽を表しきれなくなってきました。先ほどのクセナキスのようになぜ五線譜に書かねばならないのか、といった問いさえ浮上します。直感に身を任せて音を発したり、ドレミのような音名にしばられず、4分の2拍子のような拍子を持たない自由な音楽を書くのであれば、むしろ五線譜にとらわれることなく、どういう演奏をしたらよいかを直感的に示すのにより適した方法があるのではないか、と考えるようになるわけです。

五線譜でない作曲法の一例として**図形楽譜**があります。日本を代表する作曲家の一人である武満徹（1930-1996）の『ピアニストのためのコロナ』のようにデザイナーとのコラボによる作品もあり、一種の美術作品となっている作品もあります。線や色…グラフなどで音の推移のイメージを提示し、演奏者が具体的にドレミを考えて演奏します。図形楽譜は紙でなくてもよく、動画でもジェスチャーでも、それこそ水面の波の輪や空に浮かぶ雲でもよいのです。

この図形楽譜という記譜ですが、都合がよいとか理論的であるとかを超えて、描く図そのものの美しさ、図による抽象化、さらに何かの象徴や哲学を示すことが目的となっている場合もあります。ただし、どのように演奏するかの指示や音楽のコンセプトなどは作曲家が示す必要があります。演奏者としては、唐突に図形を見せられて説明もなしに「さあ、どうぞ弾いてください！」といわれても、普通は困惑でしかありません。でも、完全に自由に解釈してもらって構わないというのもありで、その場合は演奏者のイマジネーション能力に演奏は左右されることになるでしょう。

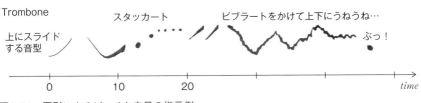

図5-51　図形によるピッチと音量の指示例

　では、皆さんも図形楽譜の例題にチャレンジしてみましょう！

　例えば、トロンボーンのための図形楽譜を書くとしましょう。図5-51に例を示しますが、低い音から高い音まで自由に音をスライドさせたければ、下から上に線を書きます。具体的なピッチは今は奏者任せです。最初の線は、横軸に時間を示して約3秒間でスライドさせることを示しています。また、強弱を線の太さで表すとします。音量の振れ幅も奏者の気分に任せます。このようにすると演奏のたびに違った音楽になり、毎回何か新鮮な気分で奏者は演奏し、毎回違った演奏を聴衆は聞くことになります。

　ところで、現代音楽の世界では草木や虫、微生物から人間まで動植物の何らかの生命活動の情報を音楽にしようという**バイオ・ミュージック**というジャンルがあります。人に心拍計を取り付けて脈拍を測ったり、頭に脳波計をつけて脳波の動きを音楽にするというのもバイオ・ミュージックによる現代音楽の創作アプローチの一つです。また、音楽による心身へのフィードバックの意味も含みます。ウェブで検索すると、本物のオタマジャクシを五線譜の上で泳がせて演奏するというダジャレみたいなことを大真面目にやっている動画も見つかると思います。

　ここでもう一つ、図形楽譜＋バイオ・ミュージックの例題です。4匹のアリの動きを使って弦楽四重奏曲を作りたいとします。蜜や砂糖などのエサに向かうアリの動きを真上から撮って、動画に記録したとしましょう。上から見た座標情報をプロットし、エサを中心とした距離をピッチにしてみましょう。まっすぐエサに向かってくれればよいですが、おそらく行ったり来たり、ループしてしまいますね。また、音量はアリの移動速度を太さで表してもよいかもしれません。4匹のアリにそれぞれのパートを割り当てて、4色で塗り分けてみましょう（本書は白黒ですので4種の線、図5-52）。はたして、どんな図形楽譜、どんな音楽ができあがるでしょうか。皆さんご興味あればこのようなバイオ・ミュージックのジャンルにチャレンジしてみてください。

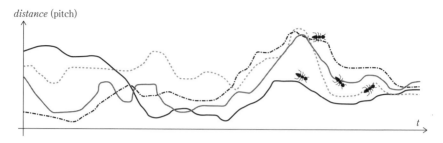

図5-52　図形楽譜、アリの作った弦楽四重奏曲?!

5.10.5　動くスコア

　先日のある日、子供たちにリゲティの『テープのためのアーティキュレーション』を聞かせてみました。スコアは、丸や四角がパソコンの画面上を右から左に流れ、聞こえる音は「ポポポ、ポコッ、ぴゅーぅ」という感じです。子供は「おもしろーい」って笑って聞いていました。そう、音楽を聞いて笑ってもいいのです！　誰が音楽を聞いて笑ってはいけないと決めたのでしょうか？

　さて、**ビジュアル・リスニング・スコア**といわれるものがあります（図5-53）。図形楽譜をコンピュータ上で動かし、演奏者はそれを見ながらバーのところにある音符（図形）を演奏する方法です。図形楽譜も時代と共に進化してきました。現代ではパソコンやタブレット、スマホを使った、いわば動画楽譜なるものが珍しくなくなってきました。例えば、左から右に時間軸を取り、演奏するタイミングを左から右にバーを動かして示します。見ている演奏者はそのバー位置によって図形楽譜上のどこを演奏するのかを指示されるわけです。逆に、バーを固定して図形楽譜を右から左へ巻物のように移動させてもよいです。このような動くスコアとそれを用

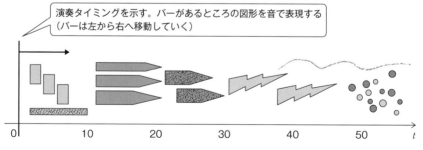

図5-53　ビジュアル・リスニング・スコアの例

いた新しい表現が実現できるようになったのも、コンピュータの処理能力の向上が
背景にあります。

5.10.6 スペクトル楽派

　現代音楽の一流派にスペクトル楽派というグループがあります（倍音楽派ともい
う）[2]。ここでいうスペクトルは、本書でも取り上げてきたスペクトル解析と同じ
く音響的なピッチの分解と楽器の音色を指します。

　例えばオーケストラ曲を例に取りますと、同じ音名（例えばレ）を違う楽器で弾
く／吹く／叩くと、ユニゾンやオクターブで重なったレの音で、楽器の違いの組み
合わせに応じて様々な音色の変化が作れます。弦楽器がロングトーンで伸ばしてい
る間にトロンボーンが強弱をつけて重ねたり、時には誰かがトリルを入れてみたり、
また別の奏者がグリッサンドを入れたり…と音色が変わるさまを効果的に使う表現
方法および作品です。もっとも、同じ音を重ねるだけではなく音色と響きの時間変
化に着目した音楽ですので、時に協和音や情緒的な表現もあります。フランスのジ
ェラール・グリゼー（1946-1998）が1970年代頃にトリスタン・ミュライユと共
に始め、以降、フランスの国立音響音楽研究所（IRCAM）を中心に世界的にその
手法が広まりました。グリゼーの連作『音響空間』がその初期作品ですが、彼らの
背景にはイタリアの謎の作曲家ジャチント・シェルシ（1905-1988）の影響がある
といわれています。

5.11 〉 エレクトロニクスと音楽

　20世紀の音楽はエレクトロニクスやコンピュータの発達と共に進化してきたと
いっても過言ではありません。以降、その変遷について概要を説明します。

5.11.1 未来派と電気楽器

　未来派と呼ばれる音楽が1910年代に登場しました[1]。社会は工業化が進む中、
金属的で打撃的な、いわば騒音による芸術が生まれました。未来派は、イタリアの
詩人マリネッティにより提唱された芸術活動の一つで、近代文明を芸術の表現に取
り入れようというものでした。やがて、未来派の一部の人は過去の芸術の否定と破
壊を表明し、さらには戦争を美化し、マリネッティはイタリアのファシズムに傾倒

していきました。

　未来派の音楽の先駆けということでは、ルイジ・ルッソロ（1885-1947）の考案したイントナルモリという、ガリガリ、ブーブーと鳴る騒音楽器があります（図5-54）。1913年にミラノで公開され、さらに1921年にパリで発表されると大きな注目を集めました。1930年代にはルッソロは活動を止めてしまい発明した機械はなくなってしまいましたが、近年2009年にサンフランシスコで行われたプロジェクトで復活上演されました。

図5-54　ルッソロの騒音楽器、イントナルモリ

　未来派の近代的で都会的な発想はエドガー・ヴァレーズ（1883-1965）に影響を与えました。ルッソロのような機械とノイズを用いる手法とは異なりますが、大オーケストラによる『アメリカ』（1920）は彼の代表作ともいえ、多くの打楽器と金管楽器やサイレンによるけたたましい音響は当時のニューヨークの喧騒をよく表していると評されています。管楽器と打楽器による『ハイパープリズム』（1923）や打楽器アンサンブルとサイレンによる『イオニザシオン』（1931）といった作品は、当時、いわゆる後期ロマン派のR.シュトラウスなどが健在の中、一般の聴衆にはかなり狂暴で挑発的な作品として異彩を放っていたようです。なお、ヴァレーズには『密度21.5』（1936）という無伴奏フルートのための曲があります。世界で初めてプラチナ製のフルートがお披露目になる際の曲を委嘱され、そのフルートに使われた白金の比重が21.5であるためにそういう名前をつけたそうです。

　現在も残る**電気楽器**としては、テルミンとオンド・マルトノが挙げられます（図

5-55）。電気楽器の先駆けは1906年にアメリカの科学者サディウス・ケイヒルの作ったテルハーモニウムというのがあります。**テルミン**は旧ソ連のレフ・テルミンが1919年に発明した電子楽器です。これまでの楽器のように弦や膜などの物理的な音源でなく、縦と横の2つのアンテナの間に手をかざして動かすことで、ヒュイーンという感じで音が出ます。縦のアンテナはピッチを決め、横のアンテナは音量を決めます。交流電源にコイルとコンデンサがあると電気的な振動が起きるのですが、その振動現象を使って2つの高周波発信機による差分、つまり、うなりの音を利用しています。アンテナの間に手を置くことで人間がコンデンサの役割となり、この手の位置に応じて静電容量に変化が起きてピッチや音量を変えるといった仕掛けです。

オンド・マルトノはメシアンの『トゥランガリラ交響曲』で登場することでクラシックファンには知られた電子楽器です。鍵盤が付いていますが和音は出ず、またリボンといわれる音高を自由に変えられる指輪の付いたワイヤを使います。また鍵盤の左側には、強弱を調整するトゥッシュや、正弦波や三角波、鼻音、トリルなど音色を決めるボタンがあります。

図5-55　テルミン（左）とオンド・マルトノ（右）

5.11.2　ミニマル・ミュージック

　ミニマル・ミュージック（ミニマリズム）は1960年代に発生した、短いフレーズを繰り返す音楽です。このジャンルが始まった頃の作曲家には、テリー・ライリ

一、スティーヴ・ライヒ、フィリップ・グラス、ラ・モンテ・ヤングなどがいます。また、このミニマル・ミュージックの手法はクラシック音楽の域を飛び出して、テクノ、ハウス、ラップなど、幅広くいろいろなジャンルに広まっていきました。エレクトロニック・ダンス・ミュージックの一分野のトランスを思い浮かべてもらうとよいかもしれません。なお、絶え間ない同じ短いフレーズが繰り返されることをオスティナートといいます。

　短い音楽の断片がひたすら繰り返されるのですが、本当にまったく同じでは聞いていて飽きてしまうだけです。変化が必要です。ライヒのテープ音源と共に弦楽四重奏で演奏する『ディファレント・トレインズ』では、徐々にミニマル・フレーズやリズムパターン、テンポなどが変化していきます。また、ライリーの『イン・シー』ではだんだん楽器が増えていき音量を増大させていくといった効果が施されています。

　ライヒの『ピアノ・フェイズ』では、曲の最初は2台のピアノで同じフレーズを弾き始めますが、徐々に、二人の弾くテンポが微妙に変わっていくことで、だんだん別のフレーズのように変化していく面白い音響効果を作り出しています（異化作用と呼ばれる）。まさに波の位相（phase、フェイズ）が変わる様子を、ピアノの音で表しています。位相とは、周期的な波形があったときに、その始点の時間的なずれを指します。図5-56のように2つの同じ波形があるとき、位相が合っていると波形はぴったり重なりますが、位相が異なる（フェイズシフトする）ということは2つの波形は開始時刻がずれた状態を表します。

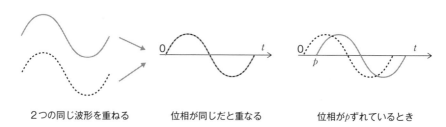

　　２つの同じ波形を重ねる　　　位相が同じだと重なる　　　位相がpずれているとき

図5-56　２つの波形の位相

　このミニマル・ミュージックの例題を図5-57に示します。位相をずらしていく効果の実感のために、ライヒの手法に似せてかつ簡単なミニマルなフレーズを用意しました。実際にどう変化するかが分かるようにした譜面も用意しましたので、楽

器を弾ける方は体験してみてください。なお、このようなミニマル・ミュージック
は後述するコンピュータ・プログラムで作ることも可能です（音源は本書のウェブ
サイトからダウンロードできます）。

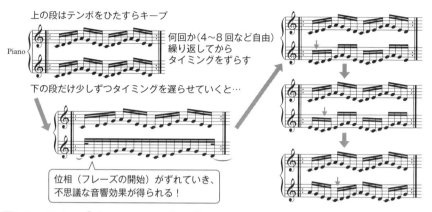

上の段はテンポをひたすらキープ

何回か（4〜8回など自由）
繰り返してから
タイミングをずらす

Piano

下の段だけ少しずつタイミングを遅らせていくと…

位相（フレーズの開始）がずれていき、
不思議な音響効果が得られる！

図5-57　ライヒ：『ピアノ・フェイズ』を模擬したフェイズシフトによる位相ずれの効果

5.11.3　ミュージック・コンクレートとライヴ・エレクトロニクス

　1940年代後半にテープレコーダーが開発されると、作曲家の創作手段にまた一
つチャネルが増えました。テープに素材となる音を録音して、それを加工したり生
演奏に重ねたりすることで、従来にはない新しい音響効果が得られるようになりま
した。このような作品を**ミュージック・コンクレート**（musique concrète、**具体音楽**)
といいます（図5-58）。この分野は、ピエール・シェフェールとピエール・アンリ
を代表としたパリのフランス国営放送と、カールハインツ・シュトックハウゼンが
活動したケルンの北西ドイツ放送局でそれぞれ始まりました。

　シェフェールとアンリは『ひとりの
男のための交響曲』を1950年に発表
し、後に1955年にモーリス・ベジャ
ールの振り付けによるバレエ音楽とし
て発表すると、このミュージック・コ
ンクレートというジャンルは広く世に
知られるようになりました。ちなみに、

図5-58　音の素材を集めてミュージック・コ
ンクレート作品を作る

モーリス・ベジャールはストラヴィンスキーの『春の祭典』やラヴェルの『ボレロ』

のバレエ曲の振り付けも行ったことでも有名な振り付け師です。

　一方、シュトックハウゼンは1956年に『少年の歌』という声と電子音のミックスによる作品を発表しました。当時は、まったく人間らしさのない音色に批判もあったようですが、逆に、周波数や強弱のゆらぎがなく冷徹でストイックな電子音は新鮮で斬新な音色だったといえます。さらに、シュトックハウゼンは人間による生演奏とテープ音楽の協奏も試みました。『コンタクテ』という接触を意味するピアノと打楽器とテープによる音楽です。なお、テープは再生・停止・再開といったコントロールは可能ですが、テープの再生速度を遅くするとその分ピッチは低くなり、速くするとその逆になります。そのため、テープと生演奏が共演する場合は、録音テープに合わせて人が演奏することになりますので、演奏する側に制約が加わることになります。

　ミュージック・コンクレートのように録音した音を使って音楽を作る手法は、今日でも盛んに取られている現代音楽の創作方法の一つです。この手法を体験してみるのはそんなに難しくありません。皆さんも、スマホを片手に外に出てみましょう！気にいった音を気ままに録音してください。鳥の鳴き声でも、パトカーのサイレンでも、商店街の「いらっしゃい！いらっしゃい！」といった掛け声でも。録音した素材を編集ソフトで切り貼りして、もちろん、録音した音だけで音楽を作ってもよいのですが、何かの音楽（バッハでもJ-POPでも！）と掛け合わせてみてもよいです。

　なお、ミュージック・コンクレート作品には、コンサートの会場において演奏者がおらずスピーカから出てくる音だけの作品もあります。音源である演奏者や楽器などを見ることなく音楽作品を聞くことを**アクースマティック**といいます。ピタゴラスが弟子に講論をするときにカーテンを引き、姿を見せず声だけに集中させて話を聞かせたという言い伝えから来ています。

　コンサートの舞台においてリアルタイムに音響処理する作品が**ライヴ・エレクトロニクス**（live electronics）です。一方、すでに音楽が記録されており、本番では再生するだけの状態になったものを**フィクスト・メディア**（fixed media）といいます。ライヴ・エレクトロニクスの最初の取り組みは、ケージの『心象風景 第1番』とされていますが、盛んに行われるようになったのは1960年代になってからです。シュトックハウゼンの『ミクロフォニーI』（1965）では、大型のタムタムという太鼓の振動をマイクで拾い、リアルタイムに変調させ音色を電気的に作るというこ

とを行いました。

アメリカのベル研究所でコンピュータによる音楽制作が始まったのもこの時期で、マックス・マシューズなどの作曲家がいます。これまでは単に数値の計算をするための装置だったコンピュータが、芸術活動の表現手段としてのツールになったことを意味しています。

現在、ライヴ・エレクトロニクスの制作や演奏においてMaxという統合ソフトウェア（ビジュアル言語）がよく使われています。Maxの名は先ほどのマックス・マシューズに由来し、ミラー・パケットにより1988年にIRCAMで開発されました。その後、いくつかの変遷を経て今のMaxとなっていますが、図5-59にある通り、変数や制御文、関数などは四角のオブジェクトとして表現され、それぞれ入出力が定義されています。そのオブジェクト間をコネクタでつなぐとそこにデータが流れるというように視覚的に把握できる利点があります。例えば、入力音としてピアノの音をマイクから拾って、フィルタを介して音色を変える、残響を与える、ループさせる、などをリアルタイムに処理できます。

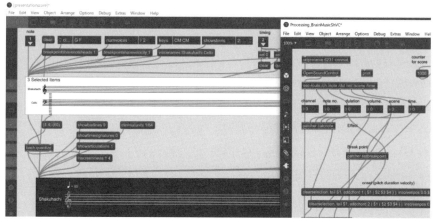

図5-59　Cycling'74 MaxによるパッチのЕ例（MIDI入力から楽譜に変換するパッチ）

5.12 情報科学と作曲

近年、コンピュータの計算能力の飛躍的進歩により人工知能ブームが起こり、コンピュータによる芸術的作品の創作が話題になっています。コンピュータ（電子計

算機）は、1940年代に開発が始まり、1946年にアメリカのペンシルベニア大学の
モークリーとエッカートが、ENIACという電子計算機の開発に初めて成功しまし
た。そして1955年、イリノイ大学のイリアック・コンピュータからコンピュータ
音楽の歴史が始まりました。本書の最後として、コンピュータと作曲・音楽制作に
ついて、いくつかのトピックスを挙げたいと思います。

5.12.1　コンピュータによる音楽制作

　コンピュータを利用した曲としては、1955年からイリノイ大学のレジャレン・ヒ
ラーとレナード・アイザクソンによって始められ、1957年に発表されたイリアック
という名のコンピュータを使った『弦楽四重奏のためのイリアック組曲』が最初で
す。また、クセナキスも1962年にパリで『ST/10-1 080262』という曲で確率理論
の計算にIBM製のコンピュータを使いました。当時はまだ、カードに穴をあけたパ
ンチカードというものでプログラムを記述していました。最初のコンピュータであ
るENIACの登場から、わずか10年ほどしか経っておらず、作曲のためにコンピュ
ータが使われたというのは当時としてはかなり画期的なことだったとうかがわれま
す。

　以降、コンピュータの進歩と共に音楽制作や音楽研究にコンピュータの役割は大
きくなっていきます。

　コンピュータが発達した今日の音楽制作においては、特にDTM（デスクトップ
ミュージック）のようにコンピュータ上で音楽を作曲することが多くなっています。
もちろん、五線紙への手書きによる作曲も行われていますが、音の波形やMIDIフ
ァイル、楽譜を効率よくかつ専門的に編集できるソフトウェアがあります。代表的
なものとして、音の録音やミキシング、編集まで行えるDAW（ディジタル・オー
ディオ・ワークステーション）のCubaseや、パソコンで五線譜を書くための専門
的なソフトウェアのFinaleやSibeliusがあります。また、エレクトロニック音楽の
制作者向けに、オブジェクトとメッセージを線でつなぐようにプログラミングする
Pure DataやMaxなどがあります。IRCAMが開発したOpenMusicもコンピュータ
による作曲支援を目的としたソフトウェアです。

　しかし、いくらコンピュータの処理能力が向上し、便利なソフトウェアが開発さ
れても、制作や研究に携わる私たち人間が音楽を理解していないといけません。そ
うでないと、結局、単純な分析しかできませんし、稚拙な音楽しか生成できないの

です。やはり、コンピュータの利用が目的にならないよう、技術と音楽の両方の理論を勉強し、何よりたくさんの音楽を聞く必要があります。

5.12.2 コンピュータ・プログラムとは

本書を読まれている方々の中には、プログラムを専門に勉強したり仕事として使われている方もいるかと思います。そのような方々には、以下の説明はざっくりすぎる話ですが、一応概要を記しておきます。

自動採譜や自動和声付けや、近年話題のAIによる自動作曲をしようと思ったら、プログラミングの技術は欠かせません。

プログラミングをするには、**開発環境**（SDK：software development kit）もしくは統合開発環境（IDE：integrated development environment）を自分のパソコンに用意する必要があります。開発環境とは、プログラム（ソースプログラム、コードとも呼ばれる）を書いて実行するだけでなく、プログラムの動作不良を解析・修正したりするデバッガや、プログラムの高度な処理をサポートするライブラリや、デバイスやセンサーのドライバといった各種のプログラムを統合したりするのに使います。一昔前までは、プログラムの長さも今にしてみればほど長くも複雑でもなく、まだコンピュータの性能的にもシンプルな処理しかできなかったので、ソースプログラムをワープロで書いて、コンパイラというプログラムを動かして機械語に翻訳して…というように作業を一つひとつ手で行っていました。

しかし、今となっては、ソフトウェアの処理が高度になりプログラムも非常に長く複雑になったので、より効率的にスピーディーに開発できる統合開発環境が用いられるようになりました。現在、皆さんが使っているスマホのアプリやゲームソフトなども、ほとんどが統合開発環境上で作られています。最近は、無料で使える開発環境も多く提供されていますし（EclipseやVisual Studioなど）、環境の構築も一般のソフトウェアのインストールとそう変わらないほど手軽になっています。

では、次に音楽の制作や分析をするためのプログラミング言語についてですが、昔からのC言語やJava、またProcessingやUnity、最近ブームになっているPythonなどいろいろあります。広く一般に使われている言語は、参考書籍も多くサンプルプログラムやヒントといった情報もインターネットで得やすいです。よって、もし選ぶとしたら音符のピッチやリズムの値だけを計算するのであればC言語やPythonなどでもよいです。しかし、CGやマルチメディアまで扱う作品の制作とな

ると、ProcessingやUnity、Max/Jitterなど映像表現に便利なツールが備わったものがよいといえます。

　以上のような現代の多くのコンピュータ・プログラムは、手続き型言語と呼ばれる分類になります。手続き型言語とは、コンピュータに計算させたいことに対して、用意された命令（instruction）を使ってその手順（procedure、手続き）を構造的に書く、という考えに基づいたプログラミング言語です。

　プログラムはあいまい性がなく完全に論理的に書かれます。一見、あいまい性や不確定性を思わせる乱数や確率、そしてカオスやファジイなどでさえも、論理的で構造化されたプログラムで記述されています。プログラミングにおいて**構造化プログラミング**という考え方がありますが、図5-60のフローチャートに示すように順次・分岐・反復の3つのパターンでプログラムを書くことを指します。いい換えると、すべてのプログラムはこの3つのパターンで記述できるはずである、ということを意味しています。C言語やJavaなどのプログラムはメイン関数という最初に呼ばれるプログラムから始まります。どんなに複雑なプログラムであっても、そのメイン関数に始まり、命令文が順に実行されていく「順次」、実行されたときの状況に応じて処理を分ける「分岐」、指定の条件が満たされるまで繰り返し実行される「反復」、といった3つの基本的なフローの組み合わせで動いています。

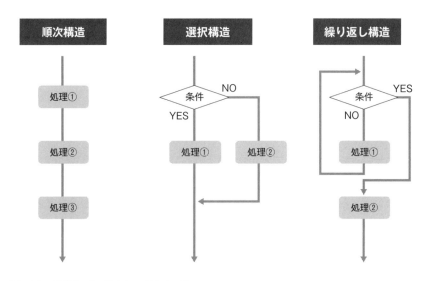

図5-60　構造化プログラミングの3パターン

5.12.3 自動作曲へのあこがれ

皆さんは、学校や仕事の帰り道、お風呂でノンビリ湯船につかっているときなどに、ふっとメロディが頭に浮かんだことはないでしょうか。

昨夜見たドラマの主題歌やCMソングがぐるぐる頭の中でリピートして残っているときもあるかもしれませんが、自分の頭の中で何気なく新しいよさげなメロディが沸きあがってきたことはありませんか。もし、そのような鼻歌的なメロディがパッと音楽として作曲できたら素敵ではないでしょうか！

そんなドラえもん的な発想をかなえてくれる（かもしれない）道具が情報科学なのです。すでに紹介しましたが、ふと思いついた鼻歌を楽譜化することを自動採譜といいます。さらに、ハーモニーやリズムを付けてくれることを自動伴奏付けといいます（2.7節を参照）。

さらには、こんな感じの曲がパッと作曲できたらいいなぁという願望にこたえる自動作曲という研究分野もあります。J-POPの誰それみたいなノリのいい曲とか、荘厳でバッハみたいな曲のBGMが欲しいな、といったようなイメージだけでそれらしい曲を自動で作曲できたら便利ですね。近年は音楽情報処理という分野で盛んにこれらのような研究がされています。

自動作曲の用途は、作曲の技術を持たない人が手軽に新規で曲を作りたい場合と、作曲家が新たな音楽表現として計算機ならではの音楽を作りたい場合の2つに分けられます[25]。

前者の場合、一般的に好まれる曲調にするために、親しみやすさや自然さという要素が大きくなります。したがって、既存のクラシック音楽やポップスなどの音楽スタイルで生成する必要があります。本書で説明したような楽典の規則や禁則を取り入れたルールベースのプログラムや、確率モデルを使ってそれらしい曲を出力するプログラムを書くことになります。

例えば、最初の動機（音楽の最小の構成）を入力としてプログラムに与えます。次に、その入力に対して次に来る音の候補から確率的に最も適当な音を選び出力とする方法です。確率モデルには最近話題の人工知能であるニューラルネットワークの他、隠れマルコフモデル（2.7.3項を参照）、遺伝的アルゴリズム（5.12.6項を参照）などが用いられています。この確率はどうやって求めるかですが、実際の音楽データをプログラムにたくさんに学習させて確率を計算します。メロディに対する和声やリズムも同様に確率モデルで自動付与する試みがされています。

また、音楽理論に詳しくなくても、より気軽に直感的に作曲できたらうれしいなという要望に応えようとする研究もあります。ボタンやグラフなど視覚的に分かりやすいGUI（グラフィックユーザーインタフェース）を使ったシステムを対話型システムとかインタラクティブ・システムといいますが、それを作曲の支援に利用しようというアイデアがあります。例えば、メロディラインをお絵描きをするように概形で示して後はプログラムがよしなに音符を選択してくれるような、直感的なインタフェースによる作曲支援のシステムも提案されています[26]。

後者については、作曲家が何を意図するかによって使われるプログラムが変わるでしょう。音楽的な新規性を数学や物理の法則から作り出そうとするのでしたら、例えばカオスやフラクタルなどを使ったようなアルゴリズム作曲があります。前者のように既存の音楽に似た音楽を作るのが目標ではないと思われるので、当たり障りのない出力結果を計算というよりは、一歩踏み込んで人が意図しない結果を使うことになるのかもしれません。また、先述のクセナキスのようにプログラムにより統計の計算をして、自然法則から音符を決めるためのコンピュータの利用もあります。

5.12.4 確率モデルによる自動作曲

さて、ふと思いついた鼻歌音楽が曲になったら、という話の続きです。シンガーソングライターという職業がありますが、それを自分で体験できるシステムが開発されていて、知る人ぞ知るウェブサイトがあります。嵯峨山・深山らが開発した自動作曲システムOrpheus（オルフェウス）はご存知の方もいらっしゃると思います[27]。

メロディの作成を音の経路探索問題としてコンピュータで解くというもので、つまり音符のつながりについて最も確率的にありそうな（正しそうな）つながりの組み合わせを計算します。Orpheusでは、その計算をするときにコード進行の常套手段や歌詞の持つ韻律（イントネーションのようなもの）やリズムパターンなどが考慮されたシステムになっています。

Orpheusの使い方ですが、シンガーソングライターのように歌詞を入力して、小節数やリズム、伴奏、跳躍といった条件を選ぶと曲が出力されます。ご興味がありましたらウェブ検索してアクセスしてみてください。

さて、ここでメロディの自動生成は横軸を時間とし縦軸を音高とする2次元平面の遷移経路とみなします。歌詞の韻律と和音進行の制約に従い、音符の出現確率と遷移確率から次の音符を順番に決めていきます。この音符列を作ったときの確率を

順次掛け合わしていき、その値が最も高いものを計算結果として出力すれば、最もそれらしい旋律が作成できるという理屈です。

　実際の音楽も、和声のお約束から次に来る音がおおよそ決まってきます（限定進行とか導音とか）。また、跳躍や連続進行、それに陰伏や並行などの様々な禁則条件から、ある音からある音への進行する確率の見積りが計算できます。もっとも、バッハ、シューベルト、ワーグナー、シェーンベルクと時代と作曲家が変わればこの確率は変わるでしょう。

5.12.5　Pythonを用いた鼻歌メロディをドレミに変換するプログラム

　近年人気となっているプログラミング言語のPythonを使った体験プログラムを用意しました。先ほどのOrpheusのようなシステムとまではいかなくても、簡易的に入力した音声のピッチからドレミに変換する体験プログラムです。PythonにはLibrosaという音声処理をするためのライブラリがあり、その中に入力した音声からクロマベクトルを表示する関数があります。このPythonプログラムを実行するには、自分のパソコン内の環境構築が結構大変なのですが、Google Colaboratoryというサービスを利用すると、難しい環境構築をしなくてもウェブ・ブラウザ上でプログラムを実行することができます。Googleのアカウントを用意する必要がありますが、諸々の手順についてはウェブ検索すると解説しているページが多くあります。

　本章の最後に記載のウェブサイトに、Google Colaboratoryで入力して実行できるプログラムをアップしました。鼻歌などを入力データとしてプログラムを実行するとそれがドレミの何の音であるかが分かるプログラムです。

5.12.6　機械学習で作曲

　近年、**人工知能**（AI：artificial interigence）による作曲が話題となり研究活動も盛んに行われています。

　作曲という行為は、情報工学の観点から考察すると、音符をあるルールに基づいて並べ、聴衆や作曲者の満足に対して最適解を解く問題とも考えられます。

　自動作曲や自動和声付けといったように、**機械学習**による最適解問題を求める解法の一つに遺伝的アルゴリズムがあります。**遺伝的アルゴリズム**（GA：genetic algorithm）は、生物の進化の過程である遺伝子の世代的な交叉や突然変異を模擬

したアルゴリズムです。簡単にいえば、「よい両親から生まれた子は、親世代より
さらによくなっているはず」という考えに基づいています。作曲に応用した場合は、
「よい曲同士を掛け合わせれば、もっとよい曲ができるはず」ということになります。
基本的な例題として、最適な経路を計算する巡回セールスマン問題や容量制限内で
最も高価値になるように荷物を詰めるナップザック問題などがあります。データの
並びを遺伝子と見立てます。音楽の例でいえば、音符の列であったりコードネーム
の列であったりします。

　基本的な手順は、まず、親データそれぞれに問題に対する適応度や満足度につい
ての評価点を与えます。そして評価点の上位のデータを次世代に残る親とみなして
選択（淘汰）します。つまり、評価点の上位のデータが次世代に子を残せる親とな
り、下位のデータは次世代の親になれないということです。

　次に、親の遺伝子のデータ列のどこかで線引きをして双方の遺伝子のデータを交
換します（図5-61）。この処理を交叉といっています。そして、ある確率で突然変
異という遺伝子のランダム的な変化を与えます。生成されるデータの多様性を作る
ことですが、局所解で安定してしまってより高評価の解が探索できなくなることを
防ぐためです。

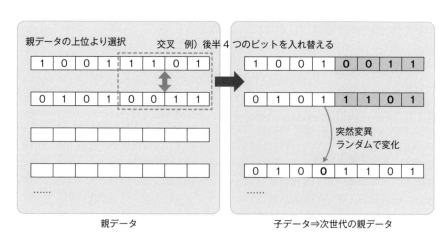

図5-61　遺伝的アルゴリズムにおけるビット列に対する交叉と突然変異の例

　ここまで処理して作り出された子データは次の世代のデータ集合となります。代
替わりを何回も繰り返し行って評価点がある値以上になったり、代替わりを一定回

数行ったりといった終了条件になったら計算を終わりにします。そのときの評価点の最も高かった子データの音列やコード列を生成した結果として出力します。

　遺伝的アルゴリズムには実用上のバリエーションが提案されていて、評価点の優秀な親データのみ残し評価点の低いデータを淘汰していくエリート選抜や、交叉のときの線引きを複数にするなどいくつかの手法が提案されています。致死遺伝子という、例えばナップザック問題での制限容量を超えてしまうデータのように、まったく条件に当てはまらないデータは削除してしまう方法もあります。評価において、評価点やルール（楽典や和声など）に基づいた計算による自動的に求める方法の他に、生成された音楽を聞いて手動で評価点をつけユーザーの嗜好に合うようにする対話型システムも提案されています。これまでに、ジャズやポップスからポリフォニー、十二音技法までいろいろなジャンルで自動作曲の手法として試みられています。対話型システムでは学習データ（後述の教師あり学習）を必要としないので、例えばこれまでにない個性的な音楽を作りたいときに向いています（以上文献[28][29][30]）。

5.12.7　ニューラルネットワークの利用

　人工知能の一つであるニューラルネットワークを使って、コンピュータに楽曲データを大量に学習させ、自動作曲などに役立てようという試みがあります。特に多層（深層）のニューラルネットワークは**ディープラーニング**と呼ばれます。

　ニューラルネットワークは人間の神経細胞（ニューロン）とそれらをつなぐ神経回路をコンピュータで模擬したモデルです。モデルという用語は、コンピュータの世界では計算するための仕組みや概念、構造を抽象化したものを指す、と考えてもらえばよいと思います。

　実際の生物の神経細胞は、樹状突起という他の細胞からの電気刺激を受け取る（入力）部位があり、軸索を経て末端のシナプスから電気刺激を外部へ出力します。シナプスから電気が放出されるかどうかは、入力の電気刺激が閾値を超えて興奮状態（発火）になるかどうかによります。ニューラルネットワークではこの

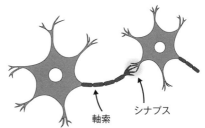

ニューロン　軸索　シナプス

生物の神経細胞の仕組みをネットワークの構成要素（ニューロン）として使います。

　ニューラルネットワークは、図5-62のように入力層、中間層、出力層からなり、中間層が2層以上のものをディープラーニングといっています。各層のニューロンの数は1個から複数のn個と問題の複雑さや計算量などから適切に選ばれます。

　例えば今、4/4拍子で1小節の中に含まれるm個の音符列（全部8分音符とするなら$m=8$）から和声の機能であるT、D、S（トニック、ドミナント、サブドミナント）のどれになるかを判定して出力する、というプログラムを作ると仮定しましょう。いい換えれば、音符列をそれに対応した和声の機能に分類・判定するプログラムです。

　入力層に入力されたデータ列xは観測されたデータです。このとき、入力データ列xは8分音符のクロマベクトル、すなわちドレミの音名とします。

　次に、中間層（隠れ層）では各ニューロンへの入力値とネットワークの接続の重み付けを掛け合わした値の合計値Wを求め、シナプスが発火するかどうかを判定する閾値hを比較します。$W>h$であれば発火して次の層へ刺激を伝える役割を果たします。どの程度刺激を伝えるかは**活性化関数**で決まり、ステップ関数、シグモイド関数、ReLU関数などが基本的な活性化関数です。

　最後の出力層では、分類したい数（クラス数）のニューロンを用意します。T、D、Sですのでこの例ではクラス数は3です。このネットワークの働きは結局のところ

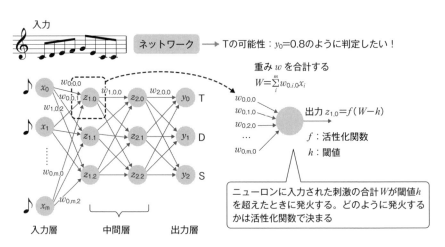

図5-62　ニューラルネットワークの概念図

入力された8つの音符列に対して、結果として出力層のどのニューロン（y_0, y_1, y_2）が活発に発火するかを見ることで、音符列がどのクラス（T、D、S）に属するかを判定しています。例えば、図5-62ですと、y_0の出力が0.8、y_1が0.15、y_2が0.05だとすると、一番数値が大きいy_0に振られたTと判定されたことになります。実際には、ドレミの音符列も和声の機能もそれぞれ数値に置き換えます。例えば、ドレミはピッチクラスにしたり、T、D、Sはそれぞれ0、1、2と数値にします。

　ここで、精度よく正解が得られるためには、このネットワークのつながりの重み係数が適切に設定されている必要があります。この係数wは事前の学習によって行われます。ディープラーニングの学習では、数十万から数百万といった大量のデータが必要で、そのデータの良し悪しがネットワークの判定の精度に影響します。ニューラルネットワークの学習方法は、**教師あり学習**といって入力データとその正解データのペアを用意し、入力データを投入して上記の計算の結果を正解データと比較します。最初は適当な暫定値であったwの値を、繰り返し学習により徐々に修正していきます（図5-63）。どれだけ正解と誤差があったかは二乗和誤差などの損失関数で求め、その値を逆誤差伝搬法（バックプロパゲーション）などでwの値を修正していきます。繰り返しにより誤差が収束、もしくはある指定回数に達したら学習が終わりになります。

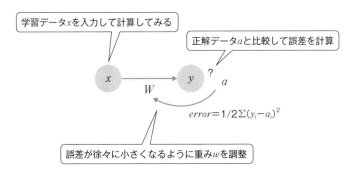

図5-63　学習によってネットワークの重み係数を修正していく

　ネットワークの構成ですが、図5-62の例は各ニューロンが総当たりのネットワークで、全結合型といっています。手書き文字などに代表されるような画像処理などでは畳み込みニューラルネットワーク（convolutional NN）がよく用いられます。文章の自動生成や自動翻訳などのように自然言語処理では、時間経過による影響を

考慮に入れられる再帰型ニューラルネットワーク（RNN：recurrent NN）やLong short-term memoryニューラルネットワーク（LSTM NN）が用いられることが多いです。音楽においても、言語と同様に時間経過により変化する情報（時系列データ）ですので、RNNやLSTM NNが都合がよいとされています。

RNNの再帰型の意味するところは、中間層において帰還路を持っていることに由来します。つまり、出力値をまた次の学習のときに自分への入力として再帰的に使うことです。こうすると、ある時刻tの計算において、過去（時刻$t-1$）の結果の影響を受けることになり、繰り返すことで再帰的に過去から現在までの時間変化による因果関係を学習したり予測したりすることができるのです。

例えば旋律の予測（生成）をすることを考えてみます（図5-64）。時刻tでドが出力されたときの中間層zの値を取っておきます。次の時刻$t+1$の音符の予測のとき、すなわちz_{t+1}の計算で先ほどの時刻tのz_tを入力に加えます。1時刻前のzと共に出力yの値を計算して時刻$t+1$の音符を予測します。こうすることで再帰的にzの値は過去の音符の影響を受けているので、図の場合ですと$t+1$の音符はファーラーレーレーシードの流れを受けて決定された音符だといえます。

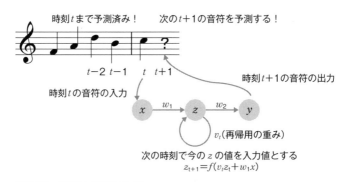

図5-64　RNNと音符の生成

5.12.8　アルゴリズム作曲からマルチメディア作品まで～多様な音楽表現へ

アルゴリズムとは、問題を解くための方法のことで、コンピュータである計算や処理をするときのプログラムを書くお決まりの手順を指します。例えば、平均値を求めるアルゴリズムは？という問いに対しては、平均を取りたい数値を足し合わせて、数値の個数で割り算をする、というのがその答えになります。スペクトル解析

で登場した離散フーリエ解析も、畳み込みというアルゴリズムを使ってプログラムで実装して解いています。

さて、作曲の手法の一つであるアルゴリズム作曲とはどういうことでしょうか？それは、必ずしもコンピュータを使わなければならないということはなく、数学的・論理的な方法に従って音符を配置していく手法を指しています。そういった意味では、前述のサイコロによる確率的作曲もアルゴリズム作曲の一つです。さらには、十二音技法も音列をただバラバラに並べるのではなく、決められた規則に基づいて配置されているとすれば一種のアルゴリズム作曲といえます。クセナキスは『ヘルマ』において集合論によりピアノの88鍵を3つのグループ（集合）に分けて、それらの集合の和や差で音符を決めていきました[31]。そして、上述の確率モデルやニューラルネットワークによる自動作曲もまさにアルゴリズム作曲です。

他にどのようなアルゴリズム作曲が考えられるかというと、フラクタルやカオスの利用も考えられます。黄金比＝1.618…やπ＝3.1415…といった無限小数の自然定数や、フィボナッチ数列などもしばしば使われます。

アルゴリズム作曲をするには、何のアルゴリズムを使うかを決める必要もありますが、それと同時に（もしくはそれ以前に）どんな音楽を作るか、何を表現するか、といったことを考える必要があります。そういったコンセプトが決まれば、後は、コンピュータを使って音符を生成するのに、ルールを記述したプログラムを頑張って書くということになります。

では、アルゴリズム作曲のプログラムは、どうやって書いて音にすることができるのか？　一つの方法として、先述のPure DataやMax、OpenMusicなどのソフトウェア上でプログラミングして直接音楽を出力する方法があります。

他には、スタンダードMIDIファイルにデータとして保存し、MIDI対応の楽器で再生したりアプリで楽譜にしたりする方法です。PythonやC言語のように手続き型言語で書く場合は、一音ずつMIDIデータ（NoteOnイベント）をプログラミングしてもよいですが、大変なのでwhile文やfor文でループさせて、そのループ内で生成規則となる関数を使って次々と生成する手もあります。先述のミニマル・ミュージックや統計的モデルによる音楽の生成にはこの方法が適用可能と思われます。プログラムのフローチャートの一例を図5-65に示しますが、基本構造はシンプルです。ただ、音符をどう生成するかの関数fの中身をどう書くかが決め手となります。

```
#include "MIDIData.h"
#define end_note 100
int main()
{
    int i = 0;
    while (i < end_note){
        note = f(i); // 音符を導出する関数
        MIDITrack_InsertNote(note);
        i = i + 1;
    }
    MIDIData_SaveAsSMF("file.mid");
}
```

図5-65 ループ処理と関数を用いて音符を生成しMIDIデータとして保存

※ プログラミングのイメージを図右に添えましたが、あくまでもイメージで不完全です。プログラミングの
  詳細については筆者参考書をご覧ください。

　さて、ここでアルゴリズム作曲だけでなく、他のコンピュータによる現在の音楽
創作の多様化に視野を広げてみましょう。作曲のネタは何も難しそうな数学理論や
アルゴリズムばかりではありません。

　近年、心拍や脈拍といった生体情報を使う音楽も作られています。センサーデバ
イスを演者に取り付けて体の動きを加速度や筋電のデータとして取得し、それを元
にプログラムで音楽に変換する作品も現代音楽の作品ではしばしば見られます。人
間の生体信号の他、動植物や微生物、細菌、バクテリアなど非人間から得られる何
らかの情報を音楽のインプットとして利用するバイオ・ミュージックもすでに紹介
しました。

　脳波を使った音楽もしばしば見られ
ますが、その最初の作品はおそらくア
メリカの実験音楽作曲家アルバン・ル
シエの『ソロ・パフォーマーのための
音楽』だと思われます。頭部に電極を
付けその脳波でパーカッションを演奏
するというものです。筆者も、近年、

学生と一緒に簡易脳波計で得た信号からリアルタイムに映像と音符を出力し、その
楽譜を元に即興演奏をするというシステムと作品を作りました。

　もう一つ別の例を挙げると、画像や映像からの音楽生成があります。例えば
RGB値のような色情報を音符の長さや音高に見立てるという方法です。例えば、
ゴッホの絵画の画像データからピクセル値を読み取り、音符に変換して、これを「ゴ
ッホの絵の音楽だ」とするようなことです。そうすると、ルノアールやカンディン
スキーはまた違った印象の音楽になるかもしれません。さらに応用すれば、文章や
詩を音符に変換してもよいですし、街を歩くノラ猫やドッグランを走りまわる犬の
動きをあるルールでもって音楽にしてもよいわけです。なお、このように音や音楽
でない事象を、音や音楽に変換して聴覚信号としてとらえることを**可聴化**(sonification、
ソニフィケーション）といいます。

　さあ、ここまで発想を柔軟にすると、音楽を作るための素材や手法は無限にある
ように思えます。そして、今や音や映像だけでなく、テーブルに置かれたスプーン
や床に置かれた扇風機、ガチャガチャ動くおもちゃまで、実にいろんなものが「音
楽」の媒体となり得ます。

　音楽に映像や舞踊を合わせたマルチメディア作品やミクストメディア作品と呼ば
れるジャンルについて少し言及しておきます。映像と音楽を組み合わせるといえば、
近年流行っているプロジェクションマッピングを思い浮かべると、コンピュータに
よるマルチメディア作品のイメージが分かりやすいかもしれません。また、先述の
ケージによるシアター・ピースのように、音だけでなく演技を組み合わせたものも
含まれます[31]。

　幾何学的な映像によるマルチメディア作品においてはProcessingというプログラ
ミング言語が用いられることが多くあります。コッホ曲線やシェルピンスキー・ギ
ャスケットのような**フラクタル図形**など、Processingでは数式から様々な美しい幾
何学的な映像が生成でき、これらは**ジェネラティブアート**といわれています（図
5-66)[32]。

　コンサート会場などの室内または屋外に、音が鳴る装置やオブジェを配置して、
観客が自由に見聞きできるようにした作品もあります。これは**インスタレーション**
という芸術表現の一つですが、空間・場を含めて音楽作品とするもので、観客もそ
の作品と場を共有・体験するというコンセプトです。もはや、音楽は舞台上だけで
奏されるものではなくなりました。開演時刻も演奏時間もそこにはありません。

　そして、近年では、音のあり方・あり様を環境や文化、人との関係にまで広く拡
張して考察・分析する**サウンドスケープ**（音の風景）という概念がカナダの作曲家

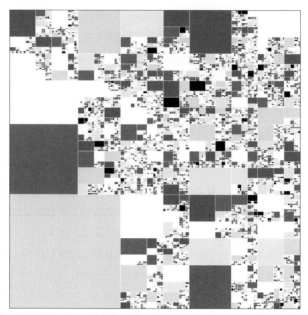

図5-66　黄金分割を再帰的かつ確率的に繰り返し、モンドリアンの絵画を模して配色を施したジェネラティブアートの作例（出典：巴山竜来『数学から創るジェネラティブアート』技術評論社、2019、p.9より）

マリー・シェーファーにより提唱され、そのコンセプトに基づく音作りや音の研究が活発に行われています[33]。

　以上、本書の最後の話題として、ITやAIという日々進化を遂げている技術による作曲や、アルゴリズム作曲やマルチメディア作品といった音楽表現の多様化について述べました。筆者も日々これらの研究や創作に取り組んでいる立場ですので、音楽業界や研究分野の今後ますますの発展に期待したいところです。

　現代音楽は実に多様です。「キーッ、ドンドン、ガッシャーン」という音楽もあれば、1音たりとも演奏しない音楽もあります。第2章から第4章で学んだ楽典や対位法や機能和声などは18-19世紀の伝統的手法であって、ドビュッシーやシェーンベルクに始まる現代音楽はその拡張でもあり否定でもあります。今や音楽の様相は多様すぎて、もはや何でもあり！といっては暴論かもしれませんが…でも、ほぼそうだと思います。現代音楽の聞く・作る楽しみはここにあると思います。

　ということで、本書をここまでお読みになった読者の皆様が、今度、現代音楽の

コンサートに行ってみようかな…とか、または、発想を自由に何か作品を作ってみ
たくなったな…と思っていただけたら幸いです。

▼第5章の音源の URL と QR コード

  https://gihyo.jp/book/rd/c-music/chapter5

参考文献

第1章

[1] Achim Schneider, Ice-age musicians fashioned ivory flute
https://www.nature.com/news/2004/041213/full/041213-14.html

[2] D. J. グラウト、C. V. パリスカ『グラウト/パリスカ 新西洋音楽史（上）』音楽之友社、1998

[3] 藤井知昭『「音楽」以前』日本放送出版協会、1978

[4] 石澤眞紀夫 他『21世紀の音楽入門 2』教育芸術社、2003

[5] フィリップ・ボール『音楽の科学』河出書房新社、2011

[6] 岩宮眞一郎 編著『音色の感性学』コロナ社、2010

[7] 岩宮眞一郎『音と音楽の科学』技術評論社、2020

[8] Masao Yokoyama, Possibility of distinction of violin timbre by spectral envelope, *Applied Acoustics*, 157(1), 2020

[9] 西原稔、安生健『数字と科学から読む音楽』ヤマハミュージックメディア、2019

[10] 仁科エミ、河合徳枝『音楽・情報・脳』放送大学教育振興会、2017

[11] ハンスリック『音楽美論』岩波書店、1960

[12] チャールズ・ローゼン『音楽と感情』みすず書房、2011

[13] 星野悦子 編著『音楽心理学入門』誠信書房、2015

[14] James A. Russell, A circumflex model of affect, *Journal of Personality and Social Psychology*, 39(6), 1980

[15] 吉井和佳「音楽を軸に拡がる情報科学：5. 音楽と機械学習」『情報処理』57(6)、2016

第2章

[1] 明土真也「基本的な統計手法の活用による日本の十二律の推定」『日本統計学会誌』41(1)、2011

[2] 三木稔『日本楽器法』音楽之友社、1996

[3] 仁科エミ、河合徳枝『音楽・情報・脳』放送大学教育振興会、2017

[4] 大串健吾「音のピッチ知覚」『情報処理学会研究報告』2015-MUS-107(2)、2015

[5] 津崎実「加齢によるピッチシフト現象とピッチ・モデル－内部参照の必要性」『情報処理学会研究報告』2018-SLP-122(12)、2018

[6] 岩宮眞一郎『音と音楽の科学』技術評論社、2020

246

[7]　R. Plomp, W. J. M. Levelt, Tonal consonance and critical bandwidth, *Journal of the Acoustical Society of America*, 38(4), 1965

[8]　早坂寿雄『楽器の科学』電子情報通信学会、1992

[9]　N. H. フレッチャー、T. D. ロッシング『楽器の物理学』丸善出版、2012

[10]　若槻尚斗、西宮康治朗「音楽音響に用いられる楽器計測技術」『日本音響学会誌』74(10)、2018

[11]　吉川茂、鈴木英男 編著『音楽と楽器の音響測定』コロナ社、2007

[12]　Johan Sundberg, Articulatory interpretation of the "singing formant", *Journal of the Acoustical Society of America*, 55(4), 1974

[13]　ディーター・デ・ラ・モッテ『大作曲家の和声』シンフォニア、1980

[14]　島岡譲 他『和声 理論と実習　I、II、III』音楽之友社、1964、1965、1966

[15]　井口征士「音楽情報の処理−電算機を用いた自動採譜−」『計測と制御』19(3)、1980

[16]　片寄晴弘、井口征士「知的採譜システム」『人工知能学会誌』5(1)、1990

[17]　嵯峨山茂樹、亀岡弘和「自動採譜技術の展望」『日本音響学会誌』64(12)、2008

[18]　嵯峨山茂樹「和声解析・リズム認識・自動伴奏・運指決定」『情報処理』50(8)、2009

▎第 3 章

[1]　クルト・ザックス『リズムとテンポ』音楽之友社、1979

[2]　関根敏子「拍子記号とテンポ」『21世紀の音楽入門 2』教育芸術社、2003

[3]　D. J. グラウト、C. V. パリスカ『グラウト／パリスカ 新西洋音楽史（上）』音楽之友社、1998

[4]　石澤眞紀夫「リズムを中心とした日本の音」『21世紀の音楽入門 2』教育芸術社、2003

[5]　オリヴィエ・メシアン『わが音楽語法』教育出版、1954

[6]　武者利光『人が快・不快を感じる理由』河出書房新社、1999

[7]　横山真男「ウィンナーワルツのリズムの音響的特徴」第48回可視化情報シンポジウム、2020

[8]　宮丸友輔 他「ポピュラ音楽のドラムス演奏におけるグルーヴ感の研究」『日本音響学会誌』73(10)、2017

[9]　井上裕章『ジャズの「ノリ」を科学する』アルテスパブリッシング、2019

第 4 章

[1] 割田康彦『一発で記憶に残る曲を作る！「9つのルール」』ヤマハミュージックメディア、2018

[2] 星野悦子 編著『音楽心理学入門』誠信書房、2015

[3] 仁科エミ、河合徳枝『音楽・情報・脳』放送大学教育振興会、2017

[4] 福井一『音楽の感動を科学する』化学同人、2010

[5] 長谷川良夫『対位法』音楽之友社、1955

[6] フィリップ・ボール『音楽の科学』河出書房新社、2011

[7] ジャン゠ジャック・ナティエ『音楽記号学』春秋社、2005

[8] F. Lerdahl, R. Jackendoff, An overview of hierarchical structure in music, *Music Perception*, 1(2), 1983

[9] 東条敏、平田圭二『音楽・数学・言語』近代科学社、2017

第 5 章

[1] ポール・グリフィス『現代音楽小史』音楽之友社、1984

[2] デイヴィッド・コープ『現代音楽キーワード辞典』春秋社、2011

[3] 岡田暁生『西洋音楽史』放送大学教育振興会、2013

[4] 十枝正子 編著『グレゴリオ聖歌選集』サンパウロ、2004

[5] クルト・ザックス『リズムとテンポ』音楽之友社、1979

[6] D. J. グラウト、C. V. パリスカ『グラウト／パリスカ 新西洋音楽史（上）』音楽之友社、1998

[7] 内藤郁夫 他「楽譜印刷の歴史を考える−初期の楽譜用活字から細分活字まで−」『日本印刷学会誌』52(5), 2015

[8] 大築邦雄『ベートーヴェン』音楽之友社、1962

[9] 青木やよひ『図説 ベートーヴェン』河出書房新社、1995

[10] 平野昭『ベートーヴェン』音楽之友社、2012

[11] 石桁真礼生『楽式論』音楽之友社、1949

[12] 伊福部昭『完本 管弦楽法』音楽之友社、2008

[13] ゴードン・ヤコブ『管弦楽技法』音楽之友社、1998

[14] 彦坂恭人『実践！やさしく学べるオーケストラ・アレンジ』自由現代社、2015

[15] Dave Black, Tom Gerou, *Essential Dictionary of Orchestration*, Alfred Music, 2005

[16] 岩宮眞一郎『音と音楽の科学』技術評論社、2020

[17] ディーター・デ・ラ・モッテ『大作曲家の和声』シンフォニア、1980

[18] 仁科エミ、河合徳枝『音楽・情報・脳』放送大学教育振興会、2017

[19] 野口秀夫「音楽の遊び ハ長調 K.516fの演奏法と作曲の背景」『モーツァルト研究オンライン』http://www.asahi-net.or.jp/~rb5h-ngc/j/k516f.htm

[20] 白石美雪『ジョン・ケージ 混沌ではなくアナーキー』武蔵野美術大学出版局、2009

[21] ヤニス・クセナキス『音楽と建築』河出書房新社、2017

[22] フランソワ・ドゥラランド『クセナキスは語る』青土社、2019

[23] ベーラ・バルトーク『バルトークの世界 自伝・民俗音楽・現代音楽論』講談社、1976

[24] 伊東信宏『バルトーク 民謡を「発見」した辺境の作曲家』中央公論新社、1997

[25] 松原正樹 他「創作過程の分類に基づく自動音楽生成研究のサーベイ」『コンピュータソフトウェア』30(1)、2013

[26] 徳丸正孝 他「音楽で「遊ぶ」ことを目的とした作曲システムの構築に関する検討」『感性工学研究論文集』5(4)、2005

[27] 嵯峨山茂樹 他「確率的手法による歌唱曲の自動作曲」『システム／制御／情報』56(5)、2012

[28] 蓮井洋志「作曲モデルを利用した対話型作曲支援システムの作成」『知能と情報』21(2)、2009

[29] 吉田洋平 他「遺伝的アルゴリズムを用いたジャズにおけるアドリブソロの生成」『情報処理学会研究報告』、2006-MUS-068(10)、2006

[30] 梶原悠介、前田陽一郎「遺伝的アルゴリズムを用いた12音技法に基づく音列自動生成システム」『知能と情報』21(5)、2009

[31] 木下岳『やさしい現代音楽の作曲法』自由現代社、2018

[32] 巴山竜来『数学から創るジェネラティブアート』技術評論社、2019

[33] 鳥越けい子『サウンドスケープの詩学 フィールド篇』春秋社、2008

索引

著者プロフィール

横山真男 （よこやま まさお）

1996年、早稲田大学理工学研究科修了。電機メーカーやIT企業、弦楽器店などの勤務を経て、2009年東洋大学理工学研究科にて博士（工学）を取得。2012年より明星大学に着任し、現在、明星大学情報学部教授としてコンピュータ・プログラムやアルゴリズムによる作曲、音楽情報、楽器音響等の研究に従事。
また、作曲・編曲家として活動中であり、作曲を久留智之氏に師事し、作品は国内外でプロから愛好家まで演奏され、Universal Edition, Musica Gioia, Yamaha Music Media, Hotta Gakuhu等から出版されている。
本書に関連する著書として『やさしい音と音楽のプログラミング』（森北出版）がある。
日本音響学会、情報処理学会、日本機械学会、可視化情報処理学会等、各正会員。
研究紹介等のホームページ：http://www.cello-maker.com/research/

- **カバーデザイン** 小川純（オガワデザイン）
- **本文デザイン・DTP** BUCH⁺

科学で読み解く クラシック音楽入門

2021年5月26日　初版　第1刷発行

著　者　横山真男
発 行 者　片岡巌
発 行 所　株式会社技術評論社
　　　　　東京都新宿区市谷左内町21-13
　　　　　電話　03-3513-6150　販売促進部
　　　　　　　　03-3267-2270　書籍編集部
印刷／製本　日経印刷株式会社

本書へのご意見、ご感想は、技術評論社ホームページ（https://gihyo.jp/）または以下の宛先へ、書面にてお受けしております。電話でのお問い合わせにはお答えいたしかねますので、あらかじめご了承ください。

〒162-0846
東京都新宿区市谷左内町21-13
株式会社技術評論社　書籍編集部
『科学で読み解く クラシック音楽入門』係
FAX：03-3267-2271